重力波捏造

理神論最後のあがき

革島 定雄

東京図書出版

重力波捏造◇目次

1 はじめに

われわれはどこから来てどこへいくのか？
私たちは死んだらどうなるのか？
自分はなぜ今ここにいるのか？
人間存在の意味は何か？
パスカルはこういう質問に対する答えを求めて思索を続けた。
一方デカルトはこういった質問に無関心であった。
しかしスピノザやニュートンはこういう質問に対する答えを知っていた。
つまり汎神論である。

現代物理学の基礎理論は今もってニュートン力学、古典電磁気学そして量子力学です。これらの理論は互いに矛盾せず、むしろ互いに補い合う関係にあります。重力、電磁力、弱い核力そして強い核力という四つの物理力のうち、重力はニュートン力学によって、電磁力は古典電磁気学や量子力学によって、他の二つの物理力は量子力学によって記述されます。ニュートン力学と古典電磁気学は絶対空間の存在を前提にしており、さらにニュートン力学と量子力学はそれぞれ万有引力そして量子もつれという遠隔作用の存在を含んでいます。つまりこの三つの基礎理論はいずれも汎神論（はんしんろん）に基づく理論なのです。汎神論はこの世界そのものが神であるとする世界観で、絶対空間や遠隔作用そして死後の世界などの存在を認めます。ニュートンはその著『プリンキピア』において、この世界観こそが真理であり、したがって真理を求めている自分は当然この立場に立つと明言しています。

　しかし世界には汎神論を目の敵にする人たちも少なからずいます。それは理神論を主張する人々です。理神論者たちは、神はこの世界に存在せずこの世界を支配しているのは自然法則であると主張します。理神論の中でも、創造主は法則とその法則に従うこの世界を創ったのち直接の関わりを絶ったとする思想は有神論と呼ばれ、また、法則や世界は偶然にできたのであってもともと神などいないとする思想は無神論と呼ばれます。いずれにせよ理神論者は利己的で強欲な生き方を正当化するために汎神論を葬り去ろうとします。そこでまずニュートン力学や古典電磁気学において必ず必要な絶対空間の存在を否定してくれる特殊相対性理論をひねり出して、これを金科玉条に祭り上げたのです。第二次世界大戦後、アインシュタインが神となり、学界ではこの不細工で矛盾だらけの理論を批判することさえ許されなくなってしまいました。また、ニュートン力学における万有引力という瞬時に伝わる遠隔作用を、一般相対性理論によって光の速さで伝わる重力に置き換えようとしました。そのために一般相対性理論の架空の方程式をひねくり回して重力波をつくりだしたのです。宇宙から届く「重力波」を世界で初めて検出したと米国の研究チームが２０１６年2月11日に発表しましたが、これは諸事情から見てきわめて不自然で、彼ら理神論者の焦りからくる勇み足ではないかと思われます。

2 相対性原理の間違い

「物理法則は、互いに等速度で運動している二人の観測者に対して共通の形で表される」とする「相対性原理」を最初に主張したのはガリレオ・ガリレイであるとされていますが、実はそのような史実はなく、これは全くの捏造に過ぎません。まず『世界の名著21 ガリレオ』の責任編集者の豊田利幸が同書のために書いた解説文、「ガリレオの生涯と科学的業績」から引用します。

いうまでもなく『天文対話』の目的は、コペルニクス体系の物理学的確立である。すでに第一次裁判によって、コペルニクス体系は、仮説としてならよいが、確言することは禁じられていた。したがってガリレオは、最大限の注意を払って「仮説形式」を保つよう努力しなければならなかった。ガリレオは、自分の分身としてサルヴィアティを、アリストテレスの追随者としてシンプリチオを、良識ある調停者としてサグレドをそれぞれ用いた。これら三人はいずれも実在した人物である。シンプリチオは、ギリシアの哲学者シンプリキオスをイタリア語に直したものであるとされている。サグレドについては前にのべたが、この本が書かれるときはすでに死んでいた。サルヴィアティは、フィレンツェ出身でパドヴァ大学でガリレオに学び、ガリレオがパドヴァからフィレンツェへ移った後、ガリレオになにくれとなく力をかした。（中略）
　これら三人の平易な日常語による会話は、会話形式に許される饒舌（じょうぜつ）とユーモアをふんだんに交えて進められ、内容の硬さにもかかわらず、飽きないで最後まで読ませる力をもっている。そして、読了した後、コペルニクス体系に対してつけられたもろもろのケチが雲散霧消し、コペルニクス体系への確信が得られたような気がする仕組みになっている。（中略）

相対性原理の発見

　そもそも運動とは、相対的な概念であって、AがBに対して運動している場合、BがAに対して運動しているといってもよい、という古くからの形式論理的な考え方だけでは、上にのべた疑問に答えることはできない。われわれが不動であると思ってきた大地が、もし運動しているのであれば、大地が静止しているとして樹立された力学法則は変更を余儀なくされるのではないか？

　この問題の解明にガリレオは「第二日」の対話のほとんどをあてるのであるが、その展開の仕方は、例によってまことにガリレオ的である。すなわち、当時世間で信ぜられていた考え方をできるだけもっともらしく紹介し、それを反駁（はんばく）する余地がほとんどないかのように思わせておき、それからゆっくり反論の材料を出しながら、執拗に論理を追い、かなりたってから最初の考え方を打ち破るのである。それゆえ今日の読者にとっては、このあたりはとくにまどろっこしい感じがするかもしれない。

『天文対話』では、ガリレオの考えは、「サルヴィアティ」によって代弁されているが、第二日の中ほどの所で、

「**サルヴィアティ**　大地の不動性を反駁の余地のないまで証明する最も効果的な論拠としては、重い物体が高い所から低い所へ落ちるとき、それらは一直線に沿って、しかも大地の表面に垂直に進む、ということがあげられる。なぜなら、大地が日周運動を行なっているときに、一つの塔の頂きから一つの石を落とすならば、塔は大地のめまい（ヴェルティジネ）によって運ばれているから、その石が落下に費やす時間の間に、塔は数百ブラッチャ（「ブラッチャ」は「ブラッチョ」の複数。一ブラッチョは約五八・四センチ）だけ東のほうへ移動しているであろう。したがって、その石はそれだけの距離、塔の根もとから離れた地上を撃つことになろう。同様な効果は、他の経験によっても確認される。すなわち、静止している船の帆柱の先端から鉛の玉

を落とし、それが撃った場所に印をつける。それは帆柱の足の近くである。次に同じところから同じ玉を船が走っているときに落としてみると、鉛（の玉）が落下する時間に、その船が前方に移動したと同じ距離だけ離れた場所に落下することになろう。……」

という具合に、実際には起こらない現象をもっともらしく説明し、これについて延々と議論を展開している。読者は「大地のめまい」という奇異な表現にとまどわれたかもしれないが、これはもちろん「大地の回転」の意味である。しかし、わざわざ回転という言葉を避けて、目がまわるという実感的な日常用語の名詞形が用いられている中に、ガリレオの苦心のあとが偲ばれる。そのうちに落下運動における空気の抵抗に論点を移す。そうして、かなり長い議論を展開しているうちに、サルヴィアティの論敵であるシンプリチオ自身が、

「……それに、非常に適切な実験がある。それは船の帆柱の先端から小石を落下させることであって、船が静止しておれば小石は帆柱の足もとに落ち、船が走っておれば、小石が落ちるまでの時間に船が前進した分だけ、もとの点から離れて落ちる。

それは船の進行（コルソ）が速い（ヴェローチェ）ときは、数ブラッチャどころではない」

というようになる。

こうして、最初こちら側が用意した誤った命題をあたかも相手が自分でいいだしたかのようにしむける。しかも、これを直ぐ否定するのではなく、大地の運動と船の運動の相違を一応論じた上で、

「**サルヴィアティ**　僕も大地の効果は船のそれと対応しているということを君が固く持ち続けてくれるよう望む。なぜなら、それは君が必要としていることに具合が悪いことに気がついたとき、考えを変えないようにするためだ。君はいう。船が静止しているときは、石は帆柱の足もとに落ち、船が運動しているときは、足もとから離れた所に落ちる、と。それならば、逆に石が足もとに落ちることから船が静止していることが推論され、また離れて落ちることからその船の運動が結論されることになろう。そして船について起こることは、同様に大地についても起こらねばならないから、石が塔の足もとに落ちることから地球の不動性が必然的に推論される。

これが君の考えではないか」

と畳みかけ、シンプリチオに、

「図星だ。短く言いかえてくれたので、論点を把むのが非常に楽になった」

と答えさせておいて、いよいよ核心に迫る質問を浴せる。

「**サルヴィアティ**　では、僕にいってくれたまえ。その船が大変な速さ（グラン・ヴェロチタ）で走っているとき、その船の帆柱の先端から放された石が、船が静止しているときと同じ船内の場所にぴたりと落ちたとすれば、この落下は、船が静止しているかそれとも走っているかを確かめるのにいくらかでも役立つだろうか？

シンプリチオ　全然役に立たないよ。それは、例えば、脈を打っていることから他の人が眠っているのか、目覚めているのか知ることができないようなものだからだ。脈は、眠っている場合でも目覚めている場合でも、同じように打っているからね。

サルヴィアティ　大変結構（ベニッシモ）。ところで、君は船についてその実験を行なったことがあるのかね。

シンプリチオ　いや、僕自身それをやったことはない。しかし、それを提示した著者たちは、注意深く観測したものと僕は確信している。それに、その相違の原因は疑う余地がないくらい非常に明白に認められるものだ」

これでこの論争の勝負はついたも同然である。ガリレオはしかし、止めの一撃を加えることを忘れていない。

「**サルヴィアティ**　それらの著者たちがそれを実際やってみることなしにのべているということはありうることだ。君自身がそのよい証人といってよい。君はそれをやりもせず確かであると考え、彼らのいったことを信じこんでいる。だとすれば、彼らもまた同じようなこと、つまり彼らの先人たちのいったことを信じこんでしまうという具合に、結局、実際やった人には一人も到達しない、ということは、単に一つの可能性としてではなく、必然的であったといってよかろう。なぜなら、誰であろうともしそれを行なったら、その実験は書かれていることと全く反対のことを示すことを見出すであろうからだ。すなわち、実験は、その石が船がじっとしていようとどんな速さで動いていようと、船の同じ場所に落ちることを示すであろう。それゆえ、大地についても船についてと同じ理屈がなり立つ以上、石がつねに塔の足もとに垂直に落ちることから、大地の運動あるいは静止については何も推論することはできないのだ」

なんでもないことのように坦々（たんたん）と叙述されているが、これこそ現代物理学の根幹となった「相対性原理」そのものである。すなわち、物理法則は、互いに等速度で運動している二人の観測者に対して共通の形で表わされる、ことが明確に把握されているのである。これがニュートンによる運動の定式化以前になされていることに注目してほしい。今日、等速度変換のうち、時間が変わらないものを「ガリレオ変換」と呼んでいるが、この呼び方はニュートンの運動方程式の歴史的重みに影響されたものである。ニュートンの運動方程式は、まさしくそのような変換に対して不変な形をもっている。（中略）

この意味で、特殊相対性理論の基礎はガリレオによっておかれた、といっても歴史の誇張ではない。もっとも、科学の歴史も人間によってつくられたものであり、ガリレオ以後に現われた科学者の何人が、ガリレオのこの業績を正しく理解しえたかは疑問である。自ら解析学を創始して、ガリレオの力学を見事に定式化したニュートンも、『プリンキピア』の冒頭で「帆走中の船の空所」に触れている（定義Ⅳ）が、そこでは絶対空間の設定に重点がおかれ、ガリレオの相対性原理はほとんど意識されていない。（引用者注：なお『天文対話』からの引用は豊田自身が翻訳したものである）

次に、この引用の最後で触れている、ニュートンの『プリンキピア』の定義Ⅳの注から「帆走中の船の空所」について述べた部分を引用します。

Ⅳ．絶対運動は，ある物体の一つの絶対的な場所からの他への移動であり，相対運動は，一つの相対的な場所から他への移動である〔31〕。ゆえに，航行中の船においては，一物体の相対的な場所とは，物体の占める船のその部分，あるいは物体が満たしている虚空のその部分のことであり，したがってそれは船とともに動く。そして相対的静止は，船の，あるいはその虚空の同一部分における物体の存続である。しかし，真の，絶対的な静止は，船自身およびその虚空，およびそれが包含しているいっさいのものが，その中で運動しているところの，その不動の空間の同一部分における物体の存続である。ゆえに，もし地球が真に静止しているならば，船内において相対的に静止している物体は，船が地球上でもつ速度と同じ速度で，真に，かつ絶対的に動くであろう。しかし，もし地球も動いているとすれば，物体の真の，絶対的な運動は，一部は不動の空間内における地球の真の運動から，一部は地球に対する船の相対運動から生ずるであろう。また，もし物体もまた船内で相対的に動くとすれば，その真の運動は，一部は不動の空間内における地球の真の運動から，また一部は地球に対する船の相対運動と共に，船内における物体の相対運動から生ずるであろう。そして，これらの相対運動から地球上における物体の相対運動が生ずるであろう。もし船の存在する地球の部分が東に向かって10,010という速度で真に動き，いっぽう船自身は，疾強風と全漕力とをもって10という速度で西に向かって運ばれ，またいっぽう，水夫が船内を1という速度で東に向かって歩くとすれば，水夫は不動の空間内を東に向かって10,001という速度で真に動き，かつ地球上を西に向かって9という速度で相対的に動くことになるであろう。

（引用者注：注31は省略）

（ニュートン『プリンシピア　自然哲学の数学的原理』中野猿人訳・注）

ここまでに示したガリレイの『天文対話』やニュートンの『プリンシピア（あるいはプリンキピア）』の引用から明らかになるのは、ガリレイやニュートンの主な主張が「地球が自転という絶対運動をしている」ということであり、また「われわれがこの地球の回転（つまり自転）を感知できないのは、ちょうど等速航行する船の船上において船の航行を感知できないのと同じである」ということです。決して「物理法則は、互いに等速度で運動している二人の観測者に対して共通の形で表される」という「相対性原理」を主張したものなどではありません。ガリレイやニュートンが（湖面のような静止した）水面を直進する船の上の空間をとり上げたのは、船が地球面に沿って航行するからです。つまり船は厳密には等速直線運動をしているわけではありません。それに、ガリレイが「それでも地球は動く」と呟（つぶや）いたとされているように、彼はあくまでも地球の自転という絶対運動を主張していたのであって、「相対性原理」を主張したという事実など全くないのです。アインシュタインがガリレイの名を利用してポアンカレが唱えた「相対性原理」から提唱者の名を外そうとしたというのが本当のところでしょう。しかし、次の杉本大一郎著『相対性理論は不思議でない』からの引用にもあるように、一般にはガリレイが「相対性原理」を主張したかのように誤解されています。

ガリレイの相対性原理

等速直線運動をしている二つの座標系を結びつける関係、$x = X+vt, y = Y$ はガリレイ変換とよばれる。そして、力学法則がどの慣性系でみても同じ形に書けるということは、「力学法則はガリレイ変換に対して不変である」といわれる。この「不変である」というか、「変わらないものでなければならない」ということは、ガリレイの相対性原理とよばれる。すべての力学法則がガリレイ変換に対して不変な基本方程式によって記述されるのなら、それからでてくる帰結としての力学世界の記述も、ガリレイ変換に対して不変なものとなるはずである。

（中略）

ガリレイ変換は任意の二つの慣性系を結びつけるものだから、ガリレイ変換に対して不変だというガリレイの相対性原理は、どの慣性系も同等で、そのなかに特別なものはないということを意味する。

かりに、もし特別な慣性系があったとすると、それは絶対的な慣性系だということになるであろう。そして、その絶対慣性系は静止しているものだと定義することもできる。しかし、ガリレイの相対性原理は、そのような絶対慣性系は存在しないといっているのである。そこで、運動はある慣性系を指定して、そこで記述される。どんな慣性系で記述しても力学法則は変わらない。しかし、運動速度の値は変わる。だから、等速直線運動の成分についていうかぎり、その絶対値は力学法則としては意味をもたないということになる。このことが、「運動は相対的だ」といわれることの意味である。

慣性系の定義は「慣性の法則が成り立つ系のことである」ということになっていますが、この定義がナンセンスであることはあまり知られていません。「慣性系においては慣性の法則が成り立つ」という主張と、「慣性の法則が成り立つ系を慣性系という」という主張は循環論に陥ります。同様の循環論は自然選択説における「適者生存の原理」においても見られます。つまり「適者の子孫は生き残る」と「子孫が生き残るものが適者である」という主張はやはり循環論に陥るのです。循環論の上に築かれた理論など論理的には何も主張していないのと同じです。慣性系の定義が循環論ではないと主張する方は慣性系の具体例を示さなくてはなりませんが、それを提示し得たという話は寡聞にして知りません。多くの銀河が存在するこの宇宙空間に厳密な慣性系は存在し得ません。自由落下系は近似的慣性系ではありますが、慣性の法則が厳密に成り立つ系ではありません。そして厳密な慣性系が実在しないとすると、その存在を前提とする相対性原理は正しくないということになります。他方、杉本の言う絶対慣性系は確かに存在しないものの、絶対空間つまり絶対静止座標系は存在しなくてはなりません。先の『天文対話』や『プリンシピア』の引用からも分かる通り、ガリレイやニュートンは「運動の相対性」などではなく「絶対空間の存在」やそれに対する絶対運動としての「地球の自転」を主張していたのです。前掲書（ニュートン『プリンシピア』）より再度引用します。

法則 Ⅰ

すべての物体は，それに加えられた力によってその状態が変化させられない限り，静止あるいは1直線上の等速運動の状態をつづける〔40〕**。**

投射体は，空気の抵抗によって妨害されたり，あるいは重力によって落下させられたりしないかぎり，それらの運動をつづける。コマは，その諸部分がそれらの凝集力によって絶えず直線運動からそらされているが，そのような一つのコマは，空気による妨害がない限り，その回転を止めない。より自由な空間内において，より小さい抵抗を受けつつある惑星や彗星のような，より大きい物体は，はるかに長い時間，その前進運動と円運動とを維持する。

〔40〕　いわゆる「慣性の法則」（Law of inertia）で，もともとガリレオ（Galileo Galilei）によって発見された法則であるが，ガリレオはおもに水平運動についてこの法則が成り立つことを述べているのを，ニュートンはさらにこれを一般化し，かついっそう明確に表現し，改めて「運動の第I法則」として掲げ，力学の体系を作り上げた。

絶対運動を相対運動と区別する効果は，円運動の軸から遠ざかろうとする力である〔36〕。というのは，純粋に相対的な〔まったく見かけだけの〕円運動においては，そのような力は存在しないけれども，真の，そして絶対的な円運動においては，その運動の量〔37〕に従って，それらはより大きくなり，あるいは小さくなるからである。いま，長い紐で吊された容器を，その紐が強くねじれるまで何回もそのまわりに回わし（ママ），つぎに水を入れ，そして水と共に静止させておく。こんどは，他の力の急激な作用によってそれは反対方向に回転させられ，紐自身の捻れがもどりつつある間，容器はしばらくの間その運動をつづけるものとする。水面ははじめ，容器が動き出さない前と同じく平面をなすであろう。しかしその後，容器が次第にその運動を水に伝達することによって水は目に見えて回転し始め，少しずつ中心から遠ざかり，容器の縁のところで高まり，それ自身（私が実験したように）凹面形を形づくり，運動が速くなればなるほど，水はますます高まり，ついにそれは容器と共に同時間内にその旋回を完了しながら，相対的にその中で静止するに至る。この水の上昇は，その運動の軸から遠ざかろうとするその努力を示す。そして，この場合にはその相対運動とはまったく反対の向きをもつところの，水の真の絶対的な円運動が知られることになり，そしてそれはこの努力によって測られるのであろう。はじめ，容器内の水の相対運動が最大であったときには，それは軸から遠ざかろうとする何らの努力をも起こさなかった。水は周辺へと向かう傾向をも示さず，また容器の縁に向かっての上昇をも示さずに平面を保ち，したがってその真の円運動はまだ始まっていなかったのである。しかるに，その後，水の相対運動が減少したときに，容器の縁に向かっての水の上昇が，軸から遠ざかろうとするその努力を示した。そしてこの努力は，水の実際の円運動が絶えず増しつづけて，ついにその最大量を獲得するに至り，そのときに水は容器内において相対的に静止したことを示したのであった。（中略）どんな回転体でも，それの現実の円運動はただ一つしか存在しない。それはその固有の，かつ妥当な効果として，その運動の軸から遠ざかろうと努める唯一の力に相当するものである。

（引用者注：注36〜37は省略）

アインシュタインは、前記のニュートンの法則Iのうち、**ゴシック体**で記述されている第一段落部分つまり狭義の運動量保存則のみを取りあげて「慣性の法則」と呼び、これをもとに「ガリレイ変換」や「ガリレイの相対性原理」をでっち上げたわけです。しかし法則Iは、第二段落部分で示されているように「慣性の法則」のみではなく角運動量保存則をも含んでいるわけです。そしてニュートンが水を入れた回転する容器（ニュートンのバケツ）の実験で示したように、角運動量保存則が成り立つためには絶対静止空間が必ず存在しなければならないのです。先の静止した湖面に浮かぶ船の話に戻ると、船が止まっているのか一定速度で航行しているのかを船内に居たまま区別することができないということでしたが、どちらかへ舵を切ってみれば左右への遠心力が生じるか否かで航行しているか否かをたちどころに判別することができます。ハンマー投げで等速円運動に達したハンマーを手放すと、同じ速度で接線方向にまっすぐ飛び出します。これこそが法則Iが示している角運動量保存則をも含む広義の運動量保存則です。この法則から直ちに「絶対静止空間が存在しなければならない」ことが結論づけられます。大数学者レオンハルト・オイラーはこのことに気づいており、ニュートン力学の研究途上において絶対空間を否定しようとしたイマヌエル・カントに、「ニュートン力学（とくに法則I）は絶対空間を前提としない限り成り立たない」と忠告しています。カントはそのオイラーの忠告に反論することができず、やむなく絶対空間を受け入れたそうです。この宇宙を膨らみつつある風船の表面に例えると、風船面に対して静止した座標系が静止座標系です。先ほど地球上の湖面を航行する船で見たのと同様に、この風船面でほぼ等速直線運動する系ではその運動をニュートン力学で検知することはできません。アインシュタインはこの事実から短絡的にガリレイの相対性原理を言い出したのですが、現在ではわれわれの天の川銀河系がうみへび座・ケンタウルス座超銀河団の方向に秒速六百キロメートルを超えるスピードで動いていることが宇宙マイクロ波背景放射（ＣＭＢ）の観測から分かっています。このことについては次章で述べることにしましょう。

3 特殊相対性理論の間違い

前章でいわゆるガリレイの相対性原理が間違っていることを指摘しましたが、では特殊相対性理論が前提にしている特殊相対性原理も間違っているのでしょうか。まず特殊相対性理論がどのような理論であるかを「ウィキペディア」で調べてみましょう（注：２０１６年2月現在のウィキペディア〝特殊相対性理論〟の項より引用します）。まず「特殊相対性理論とは、アルベルト・アインシュタインが１９０５年に発表した、慣性系に対する電磁気学および力学の理論である」と書かれています。また、「(前略) アルベルト・アインシュタインは自身の論文において、特殊相対性原理と光速不変の原理を導入する事により運動座標系における電磁気現象を簡潔に静止座標系におけるマックスウェル方程式に帰着させる理論を提唱した。その理論が特殊相対性理論である」とも記述されています。そして特殊相対性原理と光速不変の原理についての説明は次の通りです。

特殊相対性原理

電気力学と光学（電磁波）についての法則が、力学の方程式が成り立つようなすべての座標系に対して成り立つ

光速不変の原理

光（電磁波）は真空中を、光源の運動状態のいかんにかかわらず一定の速度 c で伝わっていく

右の特殊相対性原理の説明において「力学の方程式が成り立つようなすべての座標系」といった持って回った表現をしていますが、これはすなわち「慣性系」を指しているわけです。つまり特殊相対性原理もいわゆるガリレイの相対性原理と同様に「慣性系」の存在を前提にしているのです。ということは、ガリレイの相対性原理が間違っているのと同じ理由で、特殊相対性原理も間違っていることになります。他方、右の表現の光速不変の原理は間違っていませんが、特殊相対性理論においては特殊相対性原理が正しいことを前提にして、光速不変の原理はしばしば、「いかなる慣性系（観測者）から見ても光の速さは一定値 c である」のように言い換えられます。このように言い換えられた光速不変の原理は正しくないのです。一般にはこの言い換えられた光速不変の原理の正しさがマイケル

ソン－モーリーの実験によって証明されたと理解されていますが、それは間違っています。マイケルソン干渉計によって絶対空間（に対して静止しているエーテル）を検出しようとして行われたこの実験は、実験のデザインが適切なものではなかったために検出に失敗したに過ぎず、特殊相対性理論の正しさを証明したものではなかったのです。失敗の原因は、ある方位への一定距離を往復する光と、それと90度異なる方位の同距離を往復する光を干渉させて方位による光速の違いを見ようとしたことにあります。これは感度が極めて悪くなってしまうデザインであり、そのために光速の差がうまく検出されなかったのです。マイケルソンとモーリーは検出に失敗しましたが、同様の実験を行ったデイトン・ミラー（１８６６－１９４１）のデータは方向による光速の変化を示していました。しかしすでに特殊相対性理論が正しいとされていたので、このデータは無視されたのです。その間の経緯を『七つの科学事件ファイル』（H・コリンズ＋T・ピンチ著、福岡伸一訳）より引用します。

一九二〇年代のはじめ、ミラーはウィルソン山頂で測定実験をくり返した。しかし、いずれも決定的な結論に至らなかった。気温の変化や装置の不安定さに悩まされたのである。彼は装置をつくり直し、一九二四年九月四日、五日、六日と測定を行った。

そしてとうとう、光の速度のズレを観測したのである。彼は「結果は明確なもので安定しており、疑問の余地がない」と述べた。

ミラーは、実験に必要とされた諸条件を忠実に守って測定を春、夏、秋と行ってみた。その結果、一九二五年、地球の運行による光のズレが観測され、その運行速度は秒速一〇キロメートルであると発表した。この値はもともとマイケルソンが予想していた値の三分の一である。同年ミラーはこの業績によりアメリカ科学会賞を受賞した。

マイケルソン－モーリーの実験が、本人たちの認識はともかく相対性理論を先駆的な実験によって検証したものであるとして有名になりつつあるにもかかわらず、さらに改良を重ねて行われたミラーの実験は今度は逆に相対性理論を反証する結果となった。しかも、この相反する実験は、マイケルソンの反対派や、いい加減な研究者によって行われたものではなく、マイケルソンの元共同研究者によって行われたのである。アインシュタインの勧めの上で行われた実験でもある。それなのにマイケルソンにもアインシュタインにも反対の結果を示すこの実験が認められ、学会最高の賞を受けてしまったのである。

ミラーに対する反論

ミラーの実験に対して数多くの反論実験が行われた。いずれもミラーの言うような光の速度のズレを観測できないとするものだった。もっとも大がかりな反論はマイケルソンの手によって行われた。彼は、超大型の測定装置を作製し、隔離された場所で実験を行った。この結果、ズレは認められないとした。マイケルソンとミラーは一九二八年の学会で顔を合わせ討議を交わしたが、物別れに終わった。同じ頃、ドイツでも有名な科学者が実験を行い、ズレは検出できないとの結果を発表した。どちらの反論実験も室内で行われており、高地で行ったわけではなかった。つまり、エーテル風を検出するために課せられた条件を満たしてはいなかった。しかしこの二つの実験は、ミラーの結果によってもたらされた、相対性理論に対する疑義を吹き飛ばすのには効果があった。もう一つの実験は気球の上で行われた。高地で行うという条件を満たしていたが、安定性のため強固な防風壁の囲いのなかに装置は入れられていた。ここでもズレは見られなかった。科学論争の常として、反論実験の数がある臨界点を超えて増大すると少数意見はかき消されてしまうことになる。

（中略）

エーテルの存在を示したミラーの一九三三年の実験とその後

一九三三年、ミラーは一連の論争をまとめた論文を発表し、エーテルの存在を示す証拠はなお強力なものであると結論した。ここに科学論争における典型的な「再現性の問題」を見ることができる。ミラーはズレを見いだし、反対派はズレを観測できなかった。しかしミラーは、反対派の実験が自分の実験と同じ条件で行われていないという点を指摘する。特に彼の実験は高度のある場所で、エーテル風を遮る障害物や障壁をできるだけ取り除いた条件で行われた唯一の実験である。ミラーは次のように述べている。

「私に対する四つの反論の実験のうち、三つまでが測定装置を重くて厚い障壁のなかに設置している。しかも、頑丈な建物の地下室といった地表面よりも下のレベルに設置している。気球の上で測定を行ったピカールとスタールの実験では金属の箱のなかに装置が入れられていた。もしエーテルが障害物の影響を受けるとすれば、このような重量のある不透明な障壁は実験に適切とはいえない。本来、この実験は光の速度のわずかなズレを検出し、光がエーテルのなかを進行することを証明するためのものである。したがって、測定装置の光路に至るエーテルを妨げる障害物をできるだけ取り除くことがどうしても必要となる。私の実験以外はいずれの実験もこのような細心の注意を払っておらず、季節の違いによる測定も行っていない」

このようなミラーの再反論にもかかわらず、物理学上の論争は終結を迎えた。以下で見るようにエディントンによる一九一九年の実験などの支持も集めて、相対性理論は正しく、光の速度はどの方向であっても常に一定であるという考え方が勝利をおさめることになっていくのである。物理学の新しい大きな流れのなかで、ミラーの実験は意味のないものとなっていった。

マイケルソン－モーリーの実験がどのような経緯から開始されたかをこれまでに見てきたわけだが、この実験が相対性理論を先駆的に実証したものだという考え方は全然事実と違うことがわかる。むしろ相対性理論が発表された後、マイケルソン－モーリーの実験が再評価され、挙句に神話化されてしまったのである。彼らの実験自体も決定的な結果を示したわけではない。マイケルソン－モーリーの実験に対するミラーの反証実験も今ではすっかり忘れ去られている。

（中略）

マイケルソン－モーリーの実験結果は、最初、エーテル理論では説明できない問題が存在していることを示したはずである。そしてこの「予想外の結果」は、やがて相対性理論の証拠となる「発見」に昇格されてしまったのである。逆に、ミラーの実験結果はどうか。相対性理論からみると「予想外の結果」であり、この場合は間違いとして無視されることになったのだ。そうしないことには相対性理論が成り立たなくなるからである。ミラーの実験は光の速度のズレを測定する実験としてはもっとも厳密に条件を揃え、細心の注意のもとに行われたものといえる。それにもかかわらず、彼の結果は「まちがい」とされ「発見」の日の目を見ることはなかったのである。つまり、実験結果というものが信用される要件は、その実験がいかに巧みに計画され、細心の注意を払って遂行されたかによるのではない。人びとが信用する準備があれば実験結果は信用されるのである。

以上長々と引用しましたが、要するにマイケルソン干渉計による実験で得られたデータはばらつきが大きく、マイケルソン干渉計は地球の運行による光のズレを正確に検出できるものではなかったということです。したがってマイケルソン・モーリーの実験結果は特殊相対性理論の正しさの証拠となるものなどではないということになります。光について相対性原理が成り立たないことは、現在では宇宙マイクロ波背景放射（ＣＭＢ）の観測結果からすでに明らかになっています。そのことは、マイケルソン干渉計などを用いずに、ある時点の各方位における光速を直接測ってみれば実験的にもすぐ確かめられます。実験もせずになぜそう断言できるのかというと、観測されたＣＭＢの強さが方向によってわずかに差があるという事実、あるいはサニャック効果を利用した光学式ジャイロスコープが実際正確に作動しているという事実からです。

拙著『素人だからこそ解る「相対論」の間違い「集合論」の間違い』にも書きましたが、従来、地上にいる私たちの絶対空間に対する移動として、地球の自転による秒速４６０ｍの移動、地球の公転による秒速30㎞の移動そして銀河系の縁における太陽系の秒速２５０㎞の移動が知られていましたが、ＣＭＢ観測によって明らかになったのは、その銀河系自体がＣＭＢ静止座標系に対して秒速６３１㎞というスピードでうみへび座・ケンタウルス座超銀河団の方向に移動しているという事実です。そしてこれも同書に書きましたが、サニャック効果とは光学式ジャイロスコープにおいて同じ周回路を時計回りと反時計回りに同時に光を発した場合に、その周回路自体が絶対空間に対して回転運動している時には周回にかかる時間に差が生じるという効果のことを言います。この効果は特殊相対性理論の前提「どの慣性系においても光速度は一定値 c である」が間違っていることを示しているのです。機械式ジャイロスコープが回転運動を検出できるのは、ニュートンの運動法則Ⅰ（広義の運動量保存則）によります。このようにニュートン力学ではこの法則Ⅰによって系の絶対空間に対する回転速度を検知できますが、絶対空間に対して等速直線運動をする系においては、その系の絶対空間に対する速度をニュートン力学で知ることはできません。しかし光を用いると、その系での各方向における光速を測定することによって、その系の絶対空間に対する速度を検知することができるのです。

ここまで特殊相対性理論の間違いを、相対性原理が前提としているような慣性系が一つも存在せずしたがって相対性原理そのものが成立しえないこと、そして絶対空間が存在しそれがCMB静止座標系としてすでに検出されていることによって示してきました。しかし特殊相対性理論はもっと根源的な問題も抱えています。それはローレンツ変換です。観測している事象に一旦ローレンツ変換を行うと、その後その事象は観測者のいる時空とは異なる時空での事象となってしまい、二度と元の時空に戻すことはできません。別の言い方をすれば、一旦ローレンツ変換してしまうとその事象は元の系から決して観測できません。なぜなら観測には観測者と観測事象の時空の共有が必要だからです。時空を共有していない事象など観測しようがありません。観測が成り立たない理論はもはや科学理論とは言えないでしょう。特殊相対性理論が提起されて以来このことを指摘した哲学者がいないというのは信じがたいことです。ノーベル賞も受賞したドイツの物理学者フィリップ・

レーナルトが「(相対論は)ユダヤ人のぺてんである」あるいは「自然科学に対するユダヤ人の悪影響の最たるものは、アインシュタイン氏によるものである。すなわち既存の正しい知識と彼自身の気ままな修辞を不細工に数学的に仕上げた彼の『理論』が元凶である」と正しく指摘したものの、第二次大戦後彼は連合国によって反ユダヤ主義者の烙印を押されてハイデルベルク大学の名誉教授の職を追われてしまいました。

4 一般相対性理論は正しいのか？

一般相対性理論は科学理論としては最も検証されていないものであるということは、「重力波」検出のニュースが流れた後の現在でも変わっていません。アインシュタインが一般相対性理論を発表して以来いくつもその正しさの証拠とされるものが出てきました。しかし未だに決定的証拠など一つもありません。むしろこの理論は神話としては面白いが科学理論としては失格であるとする証拠が集まってきています。だからこそなおのこと、この度の重力波初検出のニュースはとても奇異に映るのです。一般相対性理論の正しさが最初に示唆されたのは、水星の近日点移動574秒／100年のうちの43秒／100年分だけがどうしてもニュートン力学で説明できないとされていたが、アインシュタインが一般相対性理論を使うとその43秒／100年分がちょうど算出できると示したことによるとされています。しかし拙著『素人だからこそ解る「相対論」の間違い「集合論」の間違い』で示したように、この43秒／100年分は太陽系そのものが持つ角運動量であろうと思われ、だとすればそれは太陽系内の力学で説明できるはずがないものであり、それがもし太陽系内の力学で説明できたとすれば、それはむしろ一般相対性理論の誤りを証明したことになってしまうのです。さて一般相対性理論についての最も有名なエピソードは、エディントン隊によるプリンシペ島とブラジルのソブラルでの日食の観測によって、一般相対性理論の正しさが示されたというものです。しかし前章で引用した『七つの科学事件ファイル』によるとこの証拠も大変あやしいものに過ぎなかったのです。

星はズレて見えるか？

「もちろん、地球の重力場というのは小さすぎて光が曲がる様子を直接観察することはできない。しかし、日食が起きたとき行われた有名な実験がある。ここで重力場が光を曲げる証拠が観測されたのである」

(アルバート・アインシュタイン、レオポルド・インフェルド『物理学の展開：古典理論から相対性理論、量子理論まで』)

(中略) しかし、強力な重力にさらされると光は曲がる、という点では古典的なニュートン力学でも、新しいアインシュタイン理論でも意見は一致していた。違っていたのは曲がる大きさであった。相対性理論ではニュートン力学で考えられるよりも大きく光は曲がるという。いったいどちらの理論が正しいのであろうか？（中略）アインシュタインによれば星のズレはニュートン力学の値の二倍になるという。もしちょうど太陽のへりをかすめて星から光線が地球にとどけばその星はほんのわずか太陽から離れて見えることになる。（中略）数字で言うと、ニュートン力学では〇・八秒のズレ、相対性理論では一・七秒のズレとなる。（後略）

つまりニュートン力学でもアインシュタイン理論でも星はズレて見えるはずだが、その程度の違いでどちらの理論がより正確であるかが判定できるだろうというわけです。『七つの科学事件ファイル』からの引用を続けます。

遠征と観測

エディントンによる観測実験は、実際には二つの部隊に分かれて実施された。第一部隊は二つ、第二部隊は一つの天体望遠鏡を携えていた。二つの部隊は皆既日食の見える二つの地点に分かれて赴いた。一九一八年三月のことであった。A・クロメリンとC・ディビッドソンはブラジルのソブラルへ、一方、エディントンとその助手E・コッチンハムは西アフリカの海岸に近いプリンシペ島に向けて出発した。皆既日食に際してソブラル隊は持参したアストログラフィック望遠鏡で一九枚、このうち一枚は雲のため不鮮明な写真となった。もう一つの四インチの望遠鏡では八枚の写真を撮影した。プリンシペ隊は、一台のアストログラフィック望遠鏡を携えていた。皆既日食当日は曇りであったが、彼らは何とか一六枚の写真撮影を行った。このうち二枚だけが星をとらえていたが、いずれも五つの星をとらえていただけだった。数か月後、ソブラル隊は同じ場所に戻って対照写真を撮影した。エディントン隊は、プリンシペ島ではなくオックスフォードで撮影を行った。これらの結果をもち寄り比較がなされた。（中略）大まかにいえば、ソブラル隊のアストログラフィック望遠鏡による結果はニュートン力学を支持し、四インチ望遠鏡の結果はアインシュタイン理論を支持したといえる。（中略）

プリンシペ島で撮影された二枚の写真は何とか星をとらえてはいたが、非常に不鮮明であった。それにもかかわらず、エディントンはこれらの写真から、重力の影響を「仮定」した複雑な方法でズレの値を算出した。（中略）この結果、不鮮明な二枚の写真から、星のズレは一・三一から一・九一秒の間にあると算出された。

（中略）

仮に、いずれの理論的予測値も知らない人が観測を行い、この結果を得たとすれば、どのような結論を導き出すだろうか（これは二重盲験法と呼ばれる方法である。この方法は薬の効果を知らされない人が実験者となって患者に薬を与えて変化を見るものであり、予断を防ぐ意味がある）。おそらく次のように判断するだろう。ソブラルのアストログラフィック望遠鏡の値と、プリンシペ島の同型望遠鏡の値は、一方は大きく他方は小さく、しかも範囲が重なっており、結論が出せない。ソブラルの四インチ望遠鏡の値は一・七よりも大きな値となっており、いずれの値もバラバラである。

実際、第一の値は一・七から二・三の範囲、第二の値は〇・一（ほとんどズレなし）から一・六の範囲、第三の値は〇・九から二・三の範囲であり、いずれもばらつきが大きく一定の答えを引き出すことは困難である。にもかかわらず、一九一九年六月イギリス王立天文学会は、エディントンの実験結果によって、アインシュタインの理論が立証されたと発表したのであった。

つまりエディントンはアインシュタイン理論が正しいという予断を持ってデータ解析を

行ったということです。ということは、エディントンや王立天文学会が恣意的にデータの選択を行うことによって、結果を捏造したと見ることもできるのです。同書よりの引用を続けます。

結果の解釈を求めて

このような強引な解釈がまかり通った背景には、エディントンや王立天文学会による巧みな論理展開があった。（中略）アインシュタイン支持という結論を出すために、エディントンたちはソブラルの四インチ望遠鏡のデータをもっとも重要視し、プリンシペ島の二枚の写真のデータをその支持材料として用いた。一方、ソブラルのアストログラフィック望遠鏡で撮影された一八枚の写真の結果は無視した。イギリス王立天文学会の発表後、この操作をめぐってさまざまな議論が巻き起こった。矢面に立たされた学会は、一九一九年一一月六日、王立天文学会会長ジョセフ・トンプソン卿の呼びかけで会合を開いた。彼は次のように述べた。

「観測データを正確に解釈するのは当事者以外の人間にはいささか難しい問題となる。しかし王立天文学会とエディントン教授はデータを詳細に検討した。この結果、星の変位に関するデータは、大きい方の値がより確かであるという結論に達した」

　しかし一九二三年、アメリカの研究者W・キャンベルは次のように記している。

「エディントン教授にはプリンシペ島における観測データをことさら重要視する傾向が見られる。しかし、ここにはわずかな数の星が数枚の写真に写っているだけで、決して良いデータとはいえない。むしろソブラルで撮影されたアストログラフィック望遠鏡のデータのほうが鮮明である。しかしこのデータは全く重要視されていない。このような取捨選択の基準が全く明確ではない」

（中略）

　エディントンの業績を調査したジョン・アーマンとクラーク・グリモアは次のように述べている。

「（中略）エディントンの実験結果自体、都合の悪いデータを破棄し、データ間の矛盾に目をつぶったことによって、アインシュタインの理論と一致させただけのことである」

　エディントンと王立天文協会（ママ）が、データ間の矛盾を無視し、都合の良い取捨選択の見本を示したおかげで、同じ操作が赤方偏移の観測実験でもまかり通ることになった。それはますます力を得て次つぎと引き継がれていくことになる。

当時、次つぎと発表された相対性理論を支持する実験データというものは、多かれ少なかれこのような恣意的なデータの取捨選択から生まれてきたものといってよい。生データは決定的なものではなく明確さに欠けていても、このような操作の結果、結集されて大きな影響力を発揮した。こうして現在、私たちが宇宙、時間、重力などの真理として信じている自然観の変革が決定づけられていったのである。この過程は、たとえば、中央政府が科学のあり方を政策として推し進めた旧ソビエトの場合にも見ることができる。そこでは、科学者のほとんどが自発的に多数意見に与し、ごくわずかの反対者は少数意見と見なされた。まさに「すばらしい科学」である。研究者の先入観や特定の結果を期待する傾向を排除するため、二重盲検法のような方法を採用せざるをえないということ自体、科学のあり方が、いかに恣意的、政治的なものであるかという格好の証拠である。

相対性理論が本当の真理であると断定する確実な証拠というものは実は存在しないのである。真理というと、美しく整った、かつ驚くべきもの、ととらえられがちだがそうではない。科学上の真理とは、実は社会のなかで、科学はこうあるべきだ、あるいは科学的なものの見方としてこの方法がよいと判断された結果として表現されるものである。新しい事物の見方に関して、あらかじめ結論があり、その結論を特定の人びとが承認してはじめて「真理」が誕生する。真理とはけっして、一点の曇りもない論理によって導き出されたものではないし、決定的な実証の結果生まれるものでもない。

この本の著者たちがここにはっきりと述べているように、相対性理論は社会的、政治的に真理に祭り上げられている理論つまりプロパガンダに過ぎないのです。そして相対性理論を担いでいる勢力とはまさに理神論者達であり、具体的にいうとユダヤ主義のグローバリスト、国際金融資本家たちであるということです。ニュートン力学は絶対空間と万有引力という遠隔作用の存在を前提としています。またマクスウェルの電磁方程式も絶対空間の存在を示しています。つまりニュートン力学や古典電磁気学はこの世界が汎神論の世界であることを示しているのです。この点が汎神論を否定して利己主義や弱肉強食を正当化してきた理神論者にとっては非常に都合が悪いのです。そこでナイーブな学者たちからなる学界そのものを、心理的および経済的方法を使ってコントロールし、絶対空間や遠隔作用を否定する方向へと誘導しているのです。そしてエディントンや王立天文学会はその誘導の協力者に他ならなかったわけです。

さてエディントンの恣意的なデータ処理があったとすれば、この観測によって一般相対性理論の正しさが示されたことにはなりませんが、だからと言って一般相対性理論が間違っているとまでは言えないのも確かです。しかし観測問題の観点から考えてみれば、一般相対性理論は科学理論として失格であることはすぐに分かります。つまりわれわれ観測者はこの宇宙の時空という背景の中に存在しています。ところが一般相対性理論の方程式で表現される事象は固有の時空を持つことになります。それに対しニュートン力学においては、すべての事象はこの宇宙の絶対空間と絶対時間を背景にもつことになっていました。ニュートン力学や古典電磁気学などは背景依存の理論と呼ばれ、一般相対性理論は背景非依存の理論と呼ばれます。一般相対性理論から導かれるブラックホールがもしあったとしてそれは観測可能でしょうか？　観測者と観測される事象とが共通の背景を持たなければ観測は成立しませんので、ブラックホールは観測不可能なのです。実はそれ以前に存在論の観点からみて、この宇宙の背景の中に背景非依存の事象が存在することなどできません。従って一般相対性理論はビッグバン宇宙論や双子の宇宙論のような宇宙開闢神話を紡ぎだすためのツールにはなりえても、この宇宙内における事象に直接適用することはできません。従って一般相対性理論は科学理論ではありえないのです。一般相対性理論を用いて「双子の宇宙論」を展開しているジャン＝ピエール・プチ著『ビッグバンには科学的根拠が何もなかった』（竹内薫監修、中島弘二訳）より引用します。

モデルとは方程式の解である。解のうちのひとつ、数学者のシュヴァルツシルトが一九一七年に発明したものは、アインシュタインの採用するところとなった[42]。この解は太陽周辺の光の軌跡の曲率を説明するものだから、一般相対論モデルの検証に役立ったのである。このシュヴァルツシルトの解は、じつはエネルギーも物質もない真空の宇宙を記述したものである。なのに理論家たちはこれを遠慮会釈もなく活用して、超高密度の物体、つまり臨界状態に達した中性子星の振舞いを記述しようとしたのである。

従ってブラックホールは、真空の宇宙を記述する方程式の解によって、超高密度の物体を記述するものである！

数学者たちは皆そのことを知っている。ただ宇宙論の専門家で、それを公言する勇気のある者は誰もいないだけなのだ。

アインシュタインの方程式は、いずれ詳しく論じることになるが、

$S = \chi T$

と書く。これは、**曲率はエネルギーに等しい**という意味である。

Sは数学の概念、「テンソル」であり、宇宙の局所的幾何学を記述するものである。Tはもうひとつのテンソルで、物質＝エネルギーとしての局所的内容を記述する。シュヴァルツシルトのモデルは、かの有名なブラックホール理論の基礎であるが、これは方程式 $S = 0$ の解である。

テンソルTはゼロなのだ。そこにはエネルギーも物質もない……意外や意外。

(42) シュヴァルツシルトはなぜ自分でもこの発見を活用しようとしなかったのだろうか。それは第一次大戦も末期になって、彼は前線の塹壕で毒ガス兵器に冒され、息絶えてしまったからである。シュヴァルツシルトは何としても故国のために参戦したかったのだ。そこのところをアインシュタインが上手に振舞って成果を頂戴したというわけである。

プチが「ブラックホールは、真空の宇宙を記述する方程式の解によって、超高密度の物体を記述するものである！」と述べているように、もともと「ブラックホール」とはこのような矛盾をはらんだ存在なのです。またブラックホールの中には特異点（重力場が無限

大となるような場所）が存在することになります。無限大を含むような存在は実在するものではありえません。同書よりの引用を続けます。


フランスの宇宙物理学者、ジャン・エドマンは言った。

「ブラックホールのことを語るつもりなら、良識はクロークにでも預けておかなけりゃ」

なのにこれが大手を振って通用しているのだ。「誰も別の説を唱えられない」ために、反対する者が一人も出て来ないだけである。

科学者とは、科学と呼ばれる現代の宗教の司祭であり、何はともあれ、答えを出さ、ねばならない、いのである。


天空にはブラックホールとおぼしき物体が、一個や二個は見つかっているとされている。これは普通の星とX線の強力な発光源となっているごく小さな物体の、二重のシステムなのだ。ブラックホールの最有力候補は、白鳥座のX1というシステムである。伴星の軌道を分析した結果、この小さな伴星がどうやらとてつもなく大質量のもので、中性子星の臨界質量をもしのぐものらしいことが判明した。

「これこそブラックホールだ！」と、われらがブラックホールマンはこのとき感きわまって叫んだのである。

それにしても三〇年も探し続けて、たったひとつしか候補が見つからないのはどういうわけか。観測成果のこれほどの乏しさは、恐らく物理学や数学の理論的矛盾を、つまりこのような物体の存在を否定するもっとも強力な論拠すらを、はるかに超えるほどのものなのであろう。

先に述べたように、超新星がブラックホールの候補に上った。これなら一〇〇個ほど見つかっている、パルサーと同じものとされた中性子星についても同じことである。ブラックホールは、今やその不在によって輝きを放っている。その実在を信じることは、観測ではなく単なる信仰の問題である。

誰か、宇宙論学者をつかまえて質問してみるがいい。

「プチ氏の言っていることは、馬鹿げたものなんですか」

答えは帰ってきはすまい。肩をすくめるか、「他に質問はないんですか」などとかわされるのが関の山だ。これであなたの精神はかき乱され、魅力的なイメージが台無しになった。ほんとうに申し訳ない。一般向けの科学雑誌には、ブラックホールの周囲に形成される「降着円盤」の惚れ惚れするほど美しいイラストが、しょっちゅう顔を出している。現に誰もがそれを探し回っている。銀河群の中とか、銀河団の中とかを。四年ほど前のことだが、わたしは大変な美辞麗句を読んだことを覚えている。筆者はフランス人で、宇宙論、重力研究所の所長である。

「ブラックホール実在の正式な証拠はまったくないとしても、科学者たるもの、今やその存在を信じて疑わなくなっております」

これが現代科学の最前線なのである。

プチ氏をとんでも科学者とみなして彼の主張を全否定する人もいますが、彼はフランス国立科学研究所主任研究員も務めた、一般相対性理論を熟知する相対論的宇宙論の専門家なのです。おそらく彼の双子の宇宙論は（特異点を抱えている）ビッグバン宇宙論にやがてとって代わることでしょう。

5 重力波は存在するか？

2016年2月11日（日本時間では2月12日）に、宇宙から届く「重力波」を世界で初めて検出したと米国の研究チーム（LIGO（ライゴ）チーム）が突然発表しましたが、この発表の信憑性（しんぴょうせい）は一体どれ程あるのでしょうか？　私自身は、これは4月1日に発信されるエイプリルフールの戯言（ざれごと）と同類の作り話ではないかと強く疑っています。2014年にNHKテレビで重力波に関する番組が二本相次いで放映されました。その二番組のタイトルは『コズミックフロント～発見！　驚異の大宇宙～アインシュタイン最後の宿題　重力波を探せ』と『サイエンスZERO　時空のさざ波　重力波をとらえよ！』です。この二番組ともNHKオンデマンドでいつでも視聴することができます。このうちの前者『コズミックフロント』の方でも触れられていますが、1974年にジョゼフ・テイラーとラッセル・ハルスによって連星パルサーPSR　B1913+16が発見され、その後、この連星系の軌道周期が正確に調べられた結果、その周期が年に約100万分の76秒ずつ短くなっていることが明らかになりました。このデータこそ「アインシュタインの一般相対性理論に従い、この連星系が重力波を出してエネルギーを失っている」ことの証拠であるとされ、テイラーとハルスはこの功績によりノーベル賞を受賞しました。しかし拙著『素人だからこそ解る「相対論」の間違い「集合論」の間違い』の補記にも記しましたが、このデータは重力波など仮定しなくてもニュートン力学で十分に説明できるものであり、したがってこのデータは重力波存在の証拠にはなっていないのです。水星の近日点移動にしてもこの連星系の軌道周期短縮にしてもニュートン力学に基づいてすべて説明できるものを、適用できないはずの一般相対性理論を無理やりあてはめて、一般相対性理論や重力波の証拠に仕立て上げているわけです。このテイラーとハルスの連星パルサー発見の報告より五年程前に、やはり重力波検出の報告が世界を驚かせたことがありました。その件について前出の『七つの科学事件ファイル』に詳しく書かれているのでその部分を引用します。

予想外の観測数値

一九六九年、メリーランド大学のジョゼフ・ウェーバー教授は、重力波と呼ばれる特殊な波が宇宙空間から大量に地球上へ降り注いでいる証拠を見つけたと発表した。彼は独自の重力波測定装置を考案していた。彼が測定した重力波の量は、天文学者が理論的に予測していた値よりもはるかに大きいものだった。しかし、このあと数年間にわたって何人もの研究者がウェーバーの発見を追試したが、誰ひとり同じ結果を得ることができなかった。一九七五年頃には、ウェーバーが発見したと主張する量の重力波が存在すると信じる者はほとんどいなくなった。この科学論争は、とても奇妙なものだった。本来、実験は理論を検証するために行われるとされる。しかし、重力波をめぐる論争では、理論と実験というものが実際には、それほどきれいな相互関係にないことが如実に示されている。その様子を見てみよう。

重力波とは、重力が電磁波のような波動となって伝わるものと説明される。(中略)地球上で、検出可能な量の重力波を人工的につくり出す方法は現時点ではない。しかし、宇宙空間のどこかで巨大な爆発が起こり、大きなエネルギーの一部が重力波となって放出され、これが地球上で観測できるかも知れない、と考える研究者もいた。超新星の爆発やブラックホール、二重連星などが放出する大量の重力波が地球に到着すると、重力の値がわずかながら上下に変動すると考えられた。通常、物質と物質の間に働く重力の値は一定である。この値を正確に測定するのは並大抵のことではない。

今から47年も昔にまったく異なる検出装置によってでしたが、今回と同様に重力波を検出したという報告があったのです。結局その報告は否定的に評価されることになりますが、この時の事の顛末が今回の重力波検出の信憑性を論じるにあたって参考になりますので、同書よりの引用を続けます。

一九七二年以降の重力波研究の流れ

一九七二年以降、ウェーバーの立場はますます不利なものとなっていった。一九七三年七月、彼に否定的な実験結果が二報、相次いで権威ある『フィジカル・レビュー・レターズ』に発表された。一九七三年一二月には別の研究グループが学術誌『ネイチャー』にやはり否定的な実験結果を発表した。その後も否定的な意見を述べた論文が次つぎと出てきたが、いずれの実験結果も、ウェーバーの実験装置よりずっと感度の高い装置を用いたにもかかわらず、何の信号も検出できなかった、というものだった。ウェーバーの実験結果を少しでも肯定するような報告は何も出てこなかった。

（中略）

論争の終焉

一九七五年になる頃には、ほとんどすべての研究者がウェーバーの実験は正しくないと考えるに至った。しかし、その理由はまちまちであった。ウェーバーのコンピュータープログラムに誤りがあると考える研究者もいれば、プログラムは修正されたのでそれほど問題にならないと考える研究者もいた。それよりもノイズと信号とを区別する統計的な方法に問題があると指摘する者もあった。ウェーバー自身、論敵を利するような勘違いを犯したこともあった。それは二つの全く異なる地点で同じ信号が同じ時刻に測定されたとする結果である。信号の一致は二つの地点にある測定装置のデータを記録したテープを見比べて見つけ出された証拠である。ウェーバーにとって災いとなったのは、このデータ解析に当たって二地点間の時差をたまたま勘違いしていたことだった。その結果、一致していると彼が主張した信号は、実は四時間も時差がある別々のデータであることが後になって判明したのである。これがもとでウェーバーは単なるノイズを信号の一致と見ていたと攻撃されることになった。ノイズと信号の差が微妙なデータの解析に当たっては、このような見間違いが時に生じても、主張全体が決定的に否定されることはないはずだ。しかし、ウェーバーに好意的な見方をする研究者はほとんどなく、足をすくわれる結果となった。

（中略）

重力波の研究は、理系の学生でも理解が難しい複雑なものである。それでも、ここで強調したい教訓は次のようなことである。すなわち、重力波論争のような議論は、科学の世界では常に起こりうることであり、新しい技術をめぐる論争や防衛問題やエネルギー問題などの技術政策をめぐる論争にも現れる問題点を含んでいる。それゆえ、一般の市民であっても、科学技術をめぐる論議を行う際、どのような点に注意を払わねばならないか、陪審員役として耳を傾けるべき問題なのである。重力波論争のように、最初は白黒のつかなかった議論が、とくに合理的な理由もなく急速に決着した経緯を見ておくことは、身近な科学問題について考えなければならないとき、一つの意見に付和雷同しないための視点を与えてくれる。科学というものが内含している問題の多い側面を、もっと身近なものとしてとらえることが私たち一般市民にとっても重要なのである。

さてこのウェーバーによる重力波検出の報告と、今回の「ＬＩＧＯ」（ライゴ）による重力波検出の発表を比べてみましょう。まず検出の原理が異なります。ウェーバーの装置は重力波による物質（アルミ合金でできた重い棒）の伸縮に起因するその棒の振動を捉えるというものでしたが、ＬＩＧＯは重力波による空間の伸縮を光の干渉計（マイケルソンの干渉計）で捉えるというものです。それからウェーバーは基本的に単独で実験を行いましたが、ＬＩＧＯは九百人以上の科学者が関わるチームで観測に取り組んだという点も異なります。他方、米国内の異なる２カ所に検出装置を設置してデータを得たという点は共通しています。ところで先の引用からも明らかなように、重力波はごく微弱な信号と推定されますのでノイズから信号を選り分けるのが極めて困難であるわけです。ウェーバーのデータも、結局は信号ではなくノイズを捉えただけだろうとみなされました。では今回のＬＩＧＯのデータは大丈夫なのでしょうか？　実は極めて疑わしいのです。ＬＩＧＯが重力波観測を始めたのは２０００２年からで、この時の感度は７０００万光年の範囲で発生した重力波を検出できる程度のものでしたが、この感度で検出できる重力波は１５０年に１回くらいしか発生しないそうです。実際、観測開始から8年の間に一度も重力波を検出することができませんでした。そしてその間も、雨や風といった自然現象に基づくノイズから信号を選び出す困難との闘いであったということです。ちなみに２０１６年３月25日から試験運転を開始した日本の重力波望遠鏡「ＫＡＧＲＡ」（かぐら）はこういった自然現象に基づくノイズを極力減らすために、山中に掘ったトンネルの中に設置されています。なおＫＡＧＲＡの感度は7億光年の範囲で発生した重力波を検出できる程度だそうで、この感度で検出できる重力波は1年におよそ10回程度発生するとされています。

さてＬＩＧＯは２０１０年に一旦施設を停止し五年間かけて検出感度を高めたAdvanced LIGO検出器に置き換えられてＫＡＧＲＡと同程度にまで感度を上げ、２０１５年9月18日から正式な科学観測を始めたということです。しかし今回発表された重力波初検出のデータは、この正式な科学観測が始まる少し前、試験観測を始めてからわずか3日目の9月14日に記録されたものだそうです。そしてその重力波源は13億光年離れた場所で起こったブラックホールどうしの合体であるとされています。ここまでで幾つかの疑問がわきます。まずＬＩＧＯの機器を置き換えることにより、また鏡でレーザーを百回往復させて走行距離を伸ばすことによって感度を上げたとされていますが、地上に設置されている限り自然現象によるノイズの軽減は難しく、したがってノイズから信号を取り出すのがさらに困難になるものと思われること、そしてＫＡＧＲＡと同じく7億光年の範囲が観測可能となったとされているのに、試験運転を始めて3日目にいきなり13億光年先の出来事を捉えたとされていることなどです。重力波検出の発表のタイミングがＫＡＧＲＡの試験運転開始予定の2カ月たらず前であることも妙に引っかかります。ＫＡＧＲＡが動き出してからでは重力波のデータを捏造することができなくなるので、焦ってこの時期に発表したのではないかと勘ぐりたくもなります。先に引用した、エディントンやイギリス王立天文学会によるデータ操作の事実などを知れば、その可能性も十分にあるのではないかと思えてきます。

以下は憶測に過ぎませんが、そういう可能性が否定できないという意味で書きます。ＬＩＧＯは、約１０００億円の改修費用をかけて検出感度を高め、1年に10回程度重力波を捉えることができるのではないかと期待されて、２０１５年9月18日から正式な科学観測を始めました。ところが年が明ける頃になっても明らかなイベントは捉えられず、これはまずいということになって数カ月間の全記録を、その中にそれらしい波形（のノイズ）がワシントン州とルイジアナ州のＬＩＧＯで偶然同時に記録された部分がないか虱つぶしに調べたのだろうと思います。すると試験運転期間中の9月14日のデータにそれらしい波形が見つかったので、そこでこれを重力波検出のデータとして発表したのではないでしょうか。どうしてそんな憶測をするのかというと、感度を高めたといっても7億光年の範囲を捉えることができる程度と見積もられていたものが、それの倍近く遠くのイベントをいきなり観測したと言われてもにわかに信じることができないからです。それにその重力波の発生源は二つのブラックホールどうしの合体であるとされていますが、前章で述べたようにブラックホールの存在自体がそもそも疑わしいということもあります。加えて光速の差の検出にも失敗したマイケルソン干渉計のような装置で、10^{-21}のオーダーとされる小さな時空の歪みを本当に検出できるのかという問題もあります。これはS／N比の問題のみならず不確定性原理の問題も含みます。ハイゼンベルクによる不確定性原理の不等式は名古屋大学（当時）の小澤正直によって改められたとされていますが、その小澤の不等式にしても不確定性原理つまり測定の精密さには限界があるという原理そのものを否定したわけではありません。したがって10^{-21}のオーダーの測定においては不確定性原理をまったく無視できるわけではないのです。

今回の重力波検出の発表は、「アインシュタイン最後の宿題の完成」を示しているのではなく、「理神論者最後の足掻き」を表しているのかもしれません。

6 相対論と量子論との矛盾

『科学をダメにした7つの欺瞞』(ヴァン・フランダーン他6名共著)に収められた窪田登司著「レーザージャイロが証明する相対性理論の破れ」より引用します。

「朝日新聞」九四年一〇月二一日夕刊にはマックスプランク研究所のP・ダメロー博士らの研究グループが「アインシュタイン自身が当初は相対性理論は数学的には成り立っても物理的には意味がないと考えていたらしい。アインシュタインでさえ一般相対性理論を信じるのに三年もかかったようだ」と発表していることを報じている。私は前者の立場に立ちたい。

また『物理学の果て』(デヴィッド・リンドリー/松浦俊輔訳/青土社/一九九四)においては、相対性理論は一般相対性理論を含み何一つ万人が認める正確な検証はないことを述べている。

私の発見や考えを擬似科学だと主張する学者もあるが、ニュートン力学やマックスウェル電磁力学、量子力学から見れば、相対性理論こそ擬似科学ではないかと常日頃思っている。

（中略）しかし依然として量子力学者が「相対論はおかしい」と口に出すと学会を追放になるほど権力者に怯えている。

いつになったら、そういう権力者が反省するようになるのだろうか。

量子論と相対論は基本的に理論構造が異なり、量子論からみれば相対論が、相対論からみれば量子論が間違っていることは誰でも知っている。なのに共存共栄するというのはどうしてだろうか。

量子論が順当に発展していたのを横から相対論が入り込んでおかしくし始めたのは一九三〇年代からである。いわゆる相対論的量子力学と呼ばれる分野である。

純粋な量子論からみれば、相対論は歯痒いくらいの「擬似科学」であるだろうが、誰もそれを口に出せない。

（中略）

相対論は正しいか、間違っていたかは歴史が教えてくれるだろう。そして、あと何年かすれば学校の教科書に「二〇世紀にはアインシュタインの相対性理論という理論が流行したが、現在では光速は観測系ごとに変化することが知られているので、そういう理論は架空のものとして科学史に残っているだけである」と、数行で済まされるようになるだろう。

この著者が指摘しているように相対性理論と純粋な量子論とは相容れないのです。そして量子論は正しいことが証明されており、相対性理論の正しさは未だに証明されていないのです。ということは論理的に考えると相対性理論が間違っているという結論に至ります。次に同じく『科学をダメにした7つの欺瞞』に収められたコンノ・ケンイチ著「アインシュタインと科学の名を冠した迷信」より引用します。


意外なことに、この世界は欺瞞と迷信に満ち満ちている。

正統科学という名のもとに、疑似科学理論が大手をふってまかり通っている……。

こんな現実を、みなさんはご存じだろうか。

とくに日本の主流といわれる学者ほど欧米の「間違い理論」をウノミにし、批判するどころか声をそろえて誉めたたえている。

その尻馬に乗って、科学雑誌はハデな見出しを掲げて、より多くの読者を引きつけようとし、人々を煙にまいて結果的には欺いている。

（中略）

二〇世紀における量子論の登場は、衝撃的だった。

われわれが「この世」についての完璧な知識が持てないのは、この世という客観的な世界が存在しないからとまで量子論は明言したのである。人間は、この世界の一定限度以上の知識は決して得られないことが分かった。科学者たちが物理的世界についての知識を増大したいというこれまでの欲求は、こうして著しく制限させられることになった。

量子論はフランスの公爵ルイ・ド・ブローイによって、原子核を回る電子は波の性格をもつという仮説によって提唱され、オーストリアの物理学者エルブィン・シュレディンガーの波動方程式によって確かな理論的基盤となった。

そこでは電子は個でなく波として見え、小さな空間の領域全体に広がっているとなった。つまり電子は、ある時刻、ある場所に、ある一定の確率をもって存在していると考えると、やっと意味をもつようになるわけである。

このことは一九二七年、ブェルナー・ハイゼンベルクの方程式『不確定性原理』によって、より明確化された。その基本的な主旨は、ミクロ世界のある知識を求めようとすると、もう一方の事象については決して分からないことと引き替えにしなければならないということだった。

こうなると古典物理学では可能と考えられてきた、自然界の完全な解明と知識を得ることはありえない。必ず何らかの妥協がなければならず、どの妥協案を決めるかは実験する人の選択により、一つの現象でも実験方法が異なれば結果も異なってくることになる。

（中略）

一方のアインシュタイン相対論は数理に基づいた理論だけが先行発展し、それに合致する現象の認知（証明）に物理学者は四苦八苦しているのが現状である。

つまり「まず現象ありき」が量子論で、「まず数式ありき」がアインシュタイン相対論なのである。ゆえに量子論（現実の物象）を否定する人がいないのは当たり前で、こうした本末転倒の疑問（アインシュタイン相対論には疑問が多く出されるのに、量子力学に疑問を呈する人がいない）を出す松田氏（引用者注：平成六年十月に出版された、学研の最新科学論シリーズ26『世界を変えた科学10大理論』に、この著者の著書『ホーキング宇宙論の大ウソ』に対するバッシング記事を載せた松田卓也神戸大学教授〈当時〉のこと）は本当に科学者なのか？　と思ったわけである。

それについてD・リンドリーは前掲書（引用者注：『物理学の果て』）で「どうしようもない矛盾」として、次のように端的に述べている。

「一般相対性理論は、理論がもつ数学的な構造と力で説得力をもつような思想の第一級の例であり、実験による検証というのは一種事後的に考えられることである。（中略）

それでも一般相対性理論は今日になっても物理学の理論としてはいちばん検証されていない理論の一つだ」（二三ページ、傍点は筆者）

（中略）

アインシュタイン特殊相対性理論は「瞬間的な伝達」、いわゆる光速を超える現象の存在は絶対に禁じている。しかし一九八二年、アインシュタイン信奉者を心底から震撼させる実験結果が公表された。

アラン・アスペクト（Alain Aspect）が率いるパリ大学の研究グループが「ベルの定理」に基づく実験を行い、アインシュタインの主張した「隠れた変数」という考え方が完全に誤っていたことが証明された。そこでは素粒子間における情報の交換が、瞬時（超光速）に行われていることが明確に検出されたのである。

この実験結果について、D・リンドリーは次のように述べている。

「（アインシュタイン特殊相対性理論の基本ルールでは）原因がその影響を伝える速さは光の速さでしかない。瞬間的に伝わることは絶対に禁じられる。（中略）量子力学はその基盤を完全に崩してしまった」（一二六ページ）

「この姿勢は、量子力学と相対論が基本的なところで両立しないということを物理学者たち（ママ）は完璧に知っているという点で、なおいっそう奇妙になる。（中略）この点で、相対論は欠陥があり、量子論によってしかるべきところへ引き上げられなければならないということは一般に認められている」（一三七ページ）

「相対論と量子力学の間での矛盾は、今日の基礎物理での一つの大問題をなしており、『究極の理論』を求める動機の根源ともなっているが、大方の姿勢は、量子の不確定性をすべての面で考慮に入れるためには、一般相対論にも手を加えなければならないというものだ。気味の悪い遠隔作用（コンノ註、アスペクトの実験による光速を超える瞬間的な情報交換）を除去するために量子力学の一部を変えるという考え方は、量子力学の標準解釈の命ずるところによって、禁止を宣言されている。表面の下を探るような問いは明確に禁じている命令である。測定されるものだけがあるというわけだ」（一三八ページ）

D・リンドリーは「量子力学と相対論が、基本的なところで両立しないということを物理学者たちは完璧に知っている」と控え目な表現をしているが、これは一方（量子論）が正しければ、もう一方（アインシュタイン理論）は完全に間違っていたといっているのである。

（中略）

マイケルソンとモーレーの実験では地球の公転速度の、秒速三〇キロメートルしか計算に入っていなかった。地球を含む太陽系全体が、銀河円盤の縁を二五〇キロのスピードで宇宙を突進していることも、ましてや銀河全体が秒速七〇〇キロのスピードで、予想もしない方向へ突進していることなど概念の外だった。

そのような宇宙のスケールを知らぬまま、マイケルソンらの実験結果だけを受け入れて構築されたのがアインシュタイン特殊相対性理論なのである。（中略）

特殊相対性理論はマイケルソンとモーレーの実験をもとに、エーテル（空間の物性）の絶対否定が理論の基盤になっている。

しかし一般相対性理論はニュートンの万有引力の法則を拡張した「重力論」といえるもので、特殊相対性理論で完全否定したエーテル概念を復活（繰り入れ）させなければ基本的に成立しない理論なのである。

ちなみにD・リンドリーも当該書（引用者注：『物理学の果て』）で「一般相対性理論が、それより一〇年前にアインシュタインがあみ出していた特殊相対性理論よりも理解しやすいというのは、物理学の世界の外へはあまり聞こえてこない秘密である」（二一一ページ）と述べている。

アインシュタインは一九二〇年五月五日ライデン国立大学で講演し、特殊相対論では完全否定したエーテルについて次のように述べている。

「特殊相対性理論の立場から見れば、確かにエーテル仮説は一見して無内容な仮説のように思われる。ところが、ここにエーテル仮説に有利な一つの強力な議論がある。すなわちエーテルを否定することは究極的には真空というものがまったく物理学的性質をもたないと仮定するのと同じことになる。

すなわち一般相対性理論によれば、空間は物理的特性を与えられている。それゆえこの意味でエーテルは存在する。一般相対性理論によればエーテルを伴わない空間は考えることはできない」

これはアインシュタイン自身が「特殊相対論」の誤りを認めていたとも思える表現だが、近代において埋没しているのは不思議である。（中略）

アインシュタインが予言した『重力波』の存在が証明されたと、松田氏は例証5で次のように述べている。

「1974年、アメリカのJ・H・テイラーらは、ほかの天体と連星をなしているパルサーを発見した。数年にわたる観測の後、彼らはこの連星の公転周期がわずかずつだが短くなっていくことに気づいた。これは、連星の回転エネルギーが重力波になって外にもち出され、連星の軌道が少しずつ内側に入り込んでいるためと考えられた。間接的ではあるが、この結果は重力波の存在をはじめて証拠づけるものとなり、一般相対性理論の正しさの証明であるとされた。テイラーらはその後ノーベル賞を受賞した」（原文のまま）

（中略）

質量は空間を局所的に、マットレスに座るように質量のあるところだけを曲げる。重みが取れて平らに戻るには、少し時間がかかる。同様に、曲がった空間での質量の運動は、空間に備わっている弾力によって決定される速度で遠方へ波のように広がるうねりをもたらす。このスピードは光の速さで、これがいわゆる『重力波』である。しかし結論からいえば、いまだ『重力波』の存在など何ら実証も確認もされていない。

多くの科学書を見れば分かることだが、『重力波』など存在しないのでは？　とまでいわれているのが現状である。

松田氏の文を注意して読めば分かるが、J・H・テイラーたちは重力波を直接捕らえたり検出したのではない。つまりアインシュタイン相対論が正しかった例証とはとてもいえないのである。

D・リンドリーも次のように述べている。

「しかし、重力波をめぐる長い物語が示すように、一般相対論の現象には議論の余地があり、理論物理学者が好むような明晰さをもって表現するのが難しく、実験や観測によって証明するのは、なおのこと難しい。物理学の大きな理論的な構築物の中でも、一般相対論はいちばん証明されていないものである。それは今でも、それがもつ力の定量的な証明とならんで、合理化する強力な美しさによっても、人の関心を惹きつけているのである」

（一二六ページ）

以上長々とこの著者の引用を載せたのは、１９９５年に出版されたこの本における著者のこのような真っ当な主張が、学界でまったく無視されているからです。学界では今もって、疑似科学に過ぎない相対性理論に正統科学の座が与え続けられています。次に、学研の最新科学論シリーズ31『21世紀を動かす科学10大理論』に収載された記事「**科学の終わり？**　矢沢潔」より引用します。

だが、30冊以上に達したシリーズを制作しながら、ひとつの明らかな変化を感じてきた。それは、科学がしだいに〝発見の興奮〟や〝もうすぐ真理を手にできるかもしれないという期待〟から遠ざかっているという変化である。

（中略）しかしここで科学というのは純粋科学、つまり自然界と宇宙の真実を追い求めようとする知的探索——生物学、素粒子物理学、天文学、宇宙論、認知科学、あるいは最近話題の複雑性の科学といった類のもののことである。ジョン・ホーガンの本(引用者注：『科学の終焉(おわり)』ジョン・ホーガン著、筒井康隆監修、竹内薫訳）は、これらの科学分野がこれ以上本質的には進歩できないところに来ているというのである。たとえば生物学では、進化の問題はいくらでも議論されているがどこまで議論しても具体的な証拠に支えられた進化法則というものは構築されそうにない。また、ミラーの実験で知られるスタンレー・ミラーが言うように、生命の起源も永遠に謎かもしれない。

素粒子物理はもっと深刻である。物質の究極の姿は何かと問うて前進してきた素粒子物理学者たちはいま、かってなく落ち込んでいる。

この記事の筆者が敏感に感じとっているのは、理神論を前提とした現代科学がとっくに行き詰まってしまっているという事実なのです。引用を続けます。

そしてこの究極の理論が完成しなければ、素粒子物理に支えられているビッグバン宇宙論はもっと深刻である。「ミック・ジャガー風のくちびる」(何て適切な形容だろう）をもつ車椅子のスティーブン・ホーキングの議論——といってもコンピューター音声で再生しているだけだが――について、ジョン・ホーガンの評価はずいぶん露骨である。

「われわれは現実に無限次元の超空間に生きているだって？　ワームホール？　ベビー宇宙？」

ホーガンはホーキングのことを、無力な肉体を持っていながら（だからこそと言うべきだろう）、現実に対して際限なく自由な想像力をめぐらせていると言う。そしてホーキングの議論を「科学というよりはずっとＳＦであり、真にばかげている」と評している。

「世界は理解可能である」あるいは「究極の理論が存在する」という教義（ドグマ）を置くのが理神論ですが、一般相対性理論と量子論とは矛盾しているわけですから、この両理論をともに満たす究極の理論が存在しないこと、すなわち理神論が破れていることは端（はな）から明らかです。引用を続けます。

科学者・研究者たちには社会的な判断力という点で訓練されていない人が少なくない。筆者の接触した有名な科学者・研究者の多くがあまりにもナイーブなのに、何度驚いたりあきれたりしたことか。その中にはノーベル賞受賞者も含まれている。

多くの科学者・研究者がナイーブなのは、実は、理神論を素直に受け入れるナイーブな人物しか学界で出世できないからです。ノーベル科学賞（物理学賞、化学賞および生理学・医学賞）そしてノーベル経済学賞も基本的に理神論者にしか与えられません。もう少し引用を続けます。

数年前、さきほどのホーキングは「宇宙のすべてはもうすぐわかるでしょう」とケルヴィン卿と同じことを言った。だが今世紀に実際にわかったのは、人間には自然と宇宙の根源的なことは何もわからないということだったのだ。

（中略）

科学が本当に進歩を止めるときが来るとしたら、それはすべての科学者・研究者が絶望的なまでに保守的で保身的になったときであろう。真理を探究するのではなく、うまくたち働いて研究費を取る、己の権威性を主張する、人の議論に耳を傾けない――この種の現象が科学界に蔓延したなら、そのときこそジョン・ホーガンはもう一度ペンをとり、『科学の完全なる終焉』とでも題した本を書かねばならない。彼がやらないというなら、筆者がやろうではないか。

この記事の筆者が危惧したような状況に実はもう陥っているのです。この度（２０１６年２月）のＬＩＧＯチームによる重力波検出の発表に対してどこからも疑念の表明が出てこないという事自体がそのことを物語っています。

7 現代科学の病理

ではなぜ現代科学は、このように明らかに間違っている特殊相対性理論や検証されることのない一般相対性理論を、決して批判してはならない教義（ドグマ）として奉っているのでしょうか？　それは、実はこれらの理論が汎神論を否定してくれるからなのです。私たち現代の日本人は現代科学を極めて論理的で中立的であるように思い込んでいますが、実はそうではなく、現代科学はむしろ矛盾や政治的な偏りを持った、ある意味で差別的なものなのです。ところで西洋の精神的な基盤はキリスト教であると言われますが、ユダヤ教とキリスト教の関係には大変錯綜したところがあります。その辺のところを田中英道著『日本人が知らない日本の道徳』から引用しつつ考察を進めます。

西洋人の精神的基盤になっているのは何と言ってもキリスト教です。今では無宗教の人が増え、教会に通う人も少なくなってきているとはいえ、まだまだ教会が中心的な存在となる活動も多く、人々の生活はキリスト教の慣習や暦に基づいて巡っていいます。

やはりキリスト教を知らなければ彼らの精神的生活はほとんど評価できないだろうと思います。キリスト教には、大きく旧約聖書と新約聖書のそれぞれの道徳観がありますが、旧約聖書の思想の中心となっているのは「モーゼの十戒」です。

ここでは、虐げられていたユダヤ人を率いてエジプトから脱出した古代イスラエルの指導者モーゼが、シナイ山で神から授かったとされるこの戒律について、日本的視点から見てみたいと思います。

というようにこの著者はまずキリスト教には、『旧約聖書』と『新約聖書』という異なる道徳観をもった聖典が共存していることを指摘したうえで、まず「モーゼの十戒」の戒律一をとりあげ、次のように続けます。

一、ヤーウェが唯一の神であると自覚して、他の神を崇めないこと。

一神教というものの性質を見事に規定している戒律ですが、日本人にとっては、このことがまず理解し難いことと言ってもよいのではないでしょうか。寛容であるはずの宗教が、狭量であることに違和感を感じるのです。神であるなら、人間のように嫉妬深いはずはなく、他の神を崇めてはならないなどと人間に強要してくるはずがない、と考えてしまう。そもそも、人格神を想定し、人間のような神が自然まで創ったという時点で、もうそこに偽りがあると日本人は感じてしまうのです。

元来、この大自然こそが神であるという汎神論の世界観をもって生きている多くの日本人にとって、このようなユダヤ教の神ヤーウェ（あるいはヤハウェ）に大変な違和感を感じるのは当然のことでしょう。前掲書よりの引用を続けます。

ですから旧約と新約というのは、本来しっかりと分けて考えなければならない別物です。それなのに、キリスト教が成立する過程でなぜか旧約も含めることが決められてしまったのです。ここにある意味で矛盾があるのです。もちろん、旧約を除こうとするキリスト教の一派もあります。

旧約を含めるということは、ユダヤ民族の宗教をより普遍的なキリスト教に組み込むということを意味します。西洋人は論理的だとよく言われますが、そうではないことがここからわかります。旧約と新約は完全に矛盾する宗教なのです。

この指摘は重要です。つまり旧約と新約は明らかに矛盾しているのです。旧約は有神論であって、汎神論を否定する立場なのですが、イエスの教えつまり新約は汎神論なのです。引用を続けます。

「モーゼの十戒」で語られる唯一の神は、ユダヤ教の神ですから、キリスト教であるにもかかわらず、戒律の一ではユダヤ教の神だけを信じなさいと言っているに等しいのです。

旧約聖書そのものもヘブライ人の民族の物語を語っているわけですから、その歴史を共有しない民族が信じる宗教にそれを取り入れたということで、その矛盾の大きさが知れるのです。同時に、そうまでしてそれが必要であったということも考えてみなければなりません。

モーセ（モーゼ）の十戒に「なんじ殺すなかれ」と書かれているとされていますが、実はモーセは旧約の民数記に書かれているように、「征服した民は殺せ」それも「男は皆殺しにせよ」とまで言っています。欧米の歴史をみてみれば、彼らの戦い方こそこのモーセの教えに従ったものであることがよくわかります。多くの非戦闘員に無惨な被害をもたらした、日本の各都市への爆撃や、広島、長崎への原爆投下も、ユダヤ主義者にとってみれば、モーセの教えに従った正当な行為であり戦争犯罪ではないというわけです。同書（『日本人が知らない日本の道徳』）にも次のように書かれています。

旧約ではユダヤ民族は外の宗徒に対しては殺しても、犯罪をしてもみとめられるのです。殺さないのは共同社会の人々に対してだけなのです。（後略）

このような地に出てきたのがイエス・キリストでした。同書よりの引用を続けます。

この矛盾だらけの旧約を否定するかたちで、さらに新しい宗教と言ってもいいものが生まれます。つまり、旧約の規律を守って生きてきた人々自身が、その規律そのもの、そして規律に縛られるユダヤ人を批判するかたちで生み出したのが、新約なのです。イエス・キリストその人は、パリサイ派ユダヤ人などに対抗する勢力のリーダー的存在として崇められていたのでしょう。その言動が、弟子や弟子に近い人物たちに記録され、イエスの死後に一冊にまとめられたのが新約聖書です。
（中略）そこでイエスが新たに打ち出してきたのは、愛情に基づいて生きるという態度です。新約の道徳観は、人間の愛情をより重視するところから生まれているはずなのです。

このように、イエスの教えと『旧約聖書』とはもともと矛盾しているのです。『旧約聖書』はユダヤ教を信じるものだけが救われるといった、汎神論を否定する選民思想の宗教です。つまり『旧約聖書』を信じる者以外の人間や他の生き物はユダヤ教徒（あるいは一部のキリスト教徒）にとっての奴隷や家畜に過ぎないというものです。引用を続けます。

そもそも、**楽園**に食べてはいけない木の実があることがまず不思議なのですが、そこに悪事をそそのかす悪魔がいるということも、楽園という場所では考えられないことでしょう。日本人からすると、不自然極まりない設定だらけなのです。それが前提となっているために、キリスト教の論理全体が歪（ゆが）んでいるという認識を持ってしまうのです。

しかしこのように「楽園追放（失楽園）」をはじめとする『旧約聖書』の多くの記述が矛盾をかかえているからといって、イエスの愛の教えが矛盾しているわけではありません。

ユダヤの教えである『旧約聖書』が矛盾しているだけなのです。さらに同書から引用します。

やがて、産業革命を経て近代と言われる新しい時代が来ると、神に代わって「理性」という言葉が幅をきかせるようになります。

フランスではデカルト（一五九六～一六五〇年）が、情念をコントロールする強い理性的意志から道徳が生まれるとし、パスカル（一六二三～一六六二年）は、「理性によって人間が知ることができるのはちっぽけなものにすぎない」と理性に対して懐疑的な姿勢を示します。

デカルトは合理主義つまり理神論の立場をとることによって神を棚上げにし、汎神論を否定してしまいます。デカルトの理神論とは、「この世界は創造主によって合理的に創られてはいるが、世界は被造物に過ぎずこの世に神はいない」とする世界観です。これは『旧約聖書』の矛盾を糊塗してくれるものであったのです。パスカルやニュートンはこのデカルトの理神論の不備を指摘したのですが、18世紀の聖俗革命以後現代にいたるまで、科学（のみならず世界）は世界支配を目論む勢力によって理神論の軛（くびき）をかけられてきました。それは、富の強奪と世界支配を目論むグローバリストつまり国際金融資本家たちにとって、この世界が実は汎神論の世界であることが明らかになると都合が悪いからなのです。ニュートン力学の絶対空間と（遠隔作用としての）万有引力、そしてひいては汎神論そのものをなんとか否定してしまいたい彼らユダヤ主義者たちは、そこで相対性理論にしがみついているわけです。この度の重力波検出の突然の発表は、理神論崩壊の恐れに発する彼らの焦燥感を如実に物語っているのかもしれません。

8 その他の理神論的な科学理論

物理学の分野で特殊相対性理論が理神論の立場をとっていること、そしてその理論が矛盾を抱えた間違った理論であることを述べてきました。他方、ニュートン力学、マクスウェルの電磁気学そして量子論は汎神論の立場に立っており、これらは何れも正しい科学理論です。では科学の基礎理論とされているその他の理論、例えば熱力学第二法則やダーウィニズムなどはどうでしょうか？　実は、熱力学第二法則もネオ・ダーウィニズムも理神論に立った理論であり、結局どちらも間違っています。

まず熱力学の第二法則つまりエントロピー増大の法則を取り上げます。ジェームズ・クラーク・マクスウェルは１８６４年にマクスウェルの電磁方程式を導いて古典電磁気学を確立しましたが、彼は気体運動論・統計熱力学にも熱心に取り組みました。１８７１年にはその著作の中で、クラウジスが提唱した熱力学第二法則に疑問を投げかけ、「マクスウェルの悪魔」と呼ばれる有名な思考実験を示しました。ジム・アル＝カリーリ著『物理パラドックスを解く』（松浦俊輔訳）より引用します。

物理学者の一団と遭遇して、そのひとりひとりに、科学でいちばん重要な概念は何だと思うかと尋ねたら、答えはいろいろ出てくると予想されるだろう。あらゆるものは原子でできているという原子論、ダーウィンの進化論、ＤＮＡの構造、ビッグバン宇宙説など。ところが実際には、全員が一つのことを挙げる可能性も高い。「熱力学の第二法則」と呼ばれるものだ。（中略）

「マクスウェルの魔物のパラドックス」は、単純なアイデアとはいえ、科学の一流どころが数多く頭を悩ませ、新しい研究分野がいくつか生まれるほどのものだった。それはすべて、このパラドックスが、熱力学の第二法則という、自然界で最も神聖不可侵の法則に立ちはだかるからだ。

マクスウェルがこの問題を提起してから長い時を経て、ようやくマクスウェルの悪魔が存在しえないことが示されたことになっています。そして、そのことによって熱力学第二法則の正しさが証明されたかのように語られます。しかしマクスウェルの悪魔が存在しえないのは確かですが、だからといって熱力学第二法則が正しいとは言えないのです。実はマクスウェルの悪魔が存在しえないことは、ニュートンの法則Ｉ（つまり運動量保存則）、パスカルの原理あるいは不確定性原理のいずれによっても簡単に説明できます。熱力学第二法則が疑わしいのは、そもそも気体運動論や統計熱力学がありえない仮定を置いているからです。気体運動論は、ベルヌーイが気体はランダムに激しく運動している多数の粒子からなるという仮定を置いたことから始まりました。マクスウェルもその仮定のもとにマクスウェル分布と呼ばれる速度分布関数を導きましたし、マクスウェル分布をより一般化したボルツマン分布も当然前述のベルヌーイの仮定のもとに導かれました。前掲書よりの引用を続けます。

（前略）気体はすべて、空気と呼ばれる混合物も含め、何兆ではきかないほどの数の分子があって、すべてがランダムに、いろいろな速さで動きまわっている。他より速いものもあれば、遅いものもある。それでも、全部を合わせた平均の速さをとれば、それに応じて温度が決まる。（中略）

魔物が扉についていることによって、右側の区画には速いほうの分子が集まって熱くなり、左側の区画には遅いほうの分子が集まって冷たくなる。魔物の知識だけを使って、二つの区画のあいだに温度差ができるらしい。これは熱力学の第二法則に反しているように見える。

（中略）

第二法則をもう少しよく理解できるようにするために、「エントロピー」と呼ばれるものを紹介しなければならない。（中略）

エントロピーという概念は、なかなか定義が難しい。（中略）熱力学の第二法則は、物理的世界の特定の特性に基づくというよりは、統計学的なものだということがわかる。低いエントロピーの状態は、エントロピーの高い状態へと進展する可能性のほうが、逆の可能性よりも、圧倒的に高いということにすぎない。

（中略）

熱力学の第二法則は、基本的にはエントロピーについて述べている。つまり、外からエネルギーを注ぎ込まないかぎり、エントロピーは必ず増え、減りはしないということだ。（後略）

しかし平衡状態に達した孤立系や閉鎖系の気体分子がランダムに運動することがないことは、ニュートンの法則Ｉから明らかです。なぜなら、法則Ｉによると閉鎖系の気体が平衡状態に達すると各分子の位置が決まり、同時に系の重心が定まります。そして各分子はその位置で振動はしているかもしれないけれど、勝手に一方向に運動することはもうないのです。さらに統計熱力学においては孤立系や閉鎖系の仮定を置きますが、自然界の一体どこにそのような系が存在するというのでしょうか？　そのうえマクスウェル分布やボルツマン分布をあてはめるにはその系が無重力慣性系であることも必須となります。そんな系は自然界にはもちろん存在しませんし、実験的に作ることも厳密に言うと不可能です。そのように実在しない系を仮定して生み出された法則などナンセンスに違いありません。永久機関を作ることができないということはおそらく正しいでしょうが、少なくとも熱力学第二法則を自然界にそのままあてはめて「宇宙はいずれ熱的死に至る」と言うことなどできないことは確かです。結局、熱力学第二法則つまりエントロピー増大の法則が意味するところは、確率事象の集まりがどれほど時間をかけても情報を生みだすことはないということです。平衡に達した気体分子は確率事象の寄せ集めではなく、重心の位置、圧力（およびその勾配）、そして温度（およびその勾配）などの定まった、極めて情報量に富んだ状態であるのです。前掲書よりの引用を続けます。

第二法則は違う。それも観察に由来するとはいえ、それは純然たる統計学と論理を使って理解できることで、どんな観察よりも強固で正確な土台によって支持されている。実は、アインシュタイン自身、この法則こそが、「決してひっくりかえらないと確信できる普遍的な内容をもつ唯一の物理学の理論」だと書いている。

ここでアル＝カリーリが明言しているように、第二法則は観測に基づくというよりも純然たる統計学と論理によって構築された理論、つまり理神論の理論なのです。純然たる理神論者であるアインシュタインが第二法則の肩を持つのは宜なるかなというものです。ところで生物のもつ遺伝情報は膨大なものです。例えばわれわれヒトのゲノム（全遺伝子情報）は60億ビットという想像を絶するものであり、その情報が我々の体を構成している各細胞の核の中に収められています。ネオ・ダーウィニズム（新ダーウィン主義）ではこの膨大な情報を生み出したのは、遺伝子突然変異というランダムな変異と自然選択という淘汰のプロセスであると主張します。しかし第二法則はランダム事象の積み重ねによる情報の産出をきっぱりと否定しており、したがってネオ・ダーウィニズムは第二法則に完全に違反しているのです。インターネットの「カフェ　メトロポリス」というサイトに、２０１１年12月４日付で「新ダーウィン主義生物学者は、できそこないの経済学者（リン・マーギュリス）」と題された次のような文章が掲載されています。(http://d.hatena.ne.jp/trailblazing/20111204/1322954596)

Edge.orgというウェブサイトにはまっている。

今は、一番新しい特集のLynn Margulisという最近なくなった女流の進化生物学者とのインタビューや、彼女に対する論敵たちからのTributeなどを読んでいる。

ジョン・ブロックマンは彼女のことをこんな風にまとめている。

『生物学者リン・マーギュリスが11月22日に亡くなった。彼女の業績には圧倒される。その理由は、彼女が進化の研究のスパンを過去40億年までに広げた点にある。

彼女の主要な研究は細胞の進化だ。

彼女は真核細胞が45億年前に、異なる種類のバクテリアのインタラクションから生じたという共生的起源説を主張した。発表当初は、完全な無視か、よくても冷笑されることになったが、今では、細胞進化における共生は偉大な科学的ブレークスルーの一つと見なされるようになっている。

マーギュリスはさらにガイア仮説の推進派である。この考え方は1970年代に、フリーランスのイギリス人atomospheric chemist（空電化学者）であるJames E. Lovelockによって提唱された。

ガイア仮説は、地球の大気圏や表層の堆積物は自己規制的な生理学的システムを形成していると主張する。すなわち地球の表面は生きている。この仮説の強いバージョンは、生物学の権威たちからはあまねく批判されている。

地球は自動制御型の生命体であると主張する。

マーギュリスは弱いバージョンのガイア仮説を支持している。

すなわち地球を統合された自動制御型エコシステムである。』

ダニエル・デネットや故ジョージ・C・ウィリアムス、W. Daniel Hillis, Lee Smolin, マーヴィン・ミンスキー、リチャード・ドーキンス、故Francisco Varelaなどのマーギリスの業績へのコメントも載っていて、かなり面白い読み物だった。

マーギュリスがブロックマンに語った様々なエピソードが贅沢なほどに面白い。

新ダーウィン主義的というか数理統計的なアプローチをこの強烈なおばさんが容赦無くこき下ろす様子がいい。

この分野の大家Lewontinが講演したときに、彼が、新ダーウィン主義（ダーウィンとメンデルを統合して統計学的なアプローチを強化した最近の生物学の一種のパラダイムになっているもの）に基づく自分の分析が、実験に基づくものではないことを認める発言をした。

Lewontinは米国の進化生物学者で、集団遺伝学と進化理論の数学的基礎を構築したこの分野の大物である。

その時にマーギュリスは、根本的な前提に関して深刻な欠陥があると思っているのに、なぜそんなナンセンスを教え続けようとするのかと大家を詰問する。

二つの理由があると彼は答えた。

答えはP.E.

いったいそれはなにか。

「P.E.は人口爆発、断続的均衡、物理教育ですか。」と彼女が聞くと、

彼は「Physics Envy　物理に対する嫉妬だ。」と答えたという。

社会科学でも、経済学などはまさにこのPEの最たるものだが、生物学なども先進科学の物理学を意識せざるを得なかったのだろう。

彼の二番目の理由はこれよりももっととんでもなかったとおばさんは続けている。

新ダーウィン主義的に研究を発表しないと、彼はこの種の研究をサポートするために

設立された補助金を得られないのだと。

なんとまあ率直なことか。

このおばさんは、あまりに数理化していく進化生物学の動きに対して批判的だった。生命の言語は数学ではなく、化学で語られていると彼女は言う。最近の新ダーウィン主義者は、化学や生物学の素養がなく、数学や統計学を使ったできそこないの経済学者のようなものだと手厳しい。

さらに、彼女はドーキンスなど中心プレイヤーたちが、動物に偏して進化を考えるのにも厳しい。馬鹿にしているというのが正しい。

曰く動物のことにばかりかまけているということは、18世紀のシカゴの誕生あたりのことを詳細に研究したものを、世界史と呼ぶようなものだ。

なかなかざっと読み飛ばせない。そこで書かれていることの背景について、立ち止まって、いろいろな本を読みたくなるからだ。

じっくりと読んで、その背景を、時間をかけて勉強するというのは、かなり楽しい体験である。

そういう喜びを与えてくれるという意味で、Edge.orgは本当に面白いサイトだ。

以上の文中で、経済学も生物学も物理学に対して嫉妬しているように書かれていますが、これはどういうことかというと、理神論に立つ学問として成功している（ように見える）物理学は、グローバリストすなわち国際金融資本家から潤沢な研究費を回してもらえて羨ましいということです。マーギュリスが推進しているガイア仮説などは汎神論的であるためにあまり研究費がつかず、新ダーウィン主義のような理神論の立場で研究をすることによってようやく十分な補助金を得られるということです。つまり生物学も物理学や経済学と同様に、研究費の寡多という形で理神論の軛を掛けられているのです。さて、以上の文中にも名前が出ている１９５５年ニューヨーク生まれの物理学者リー・スモーリン（Lee Smolin）が２００６年に著した*The Trouble with Physics*の邦訳が、２００７年12月に『迷走する物理学』という邦題でわが国でも出版されました。この中でスモーリンは物理学の未来に関して極めて楽天的であったそれまでの態度を一変させて次のように書いています。

一〇〇〇人を超える最高の教育を受けた聡明な科学者が、最高の環境で追い求めてきたストリング理論が、失敗の危機に瀕している。どうしてそんなことがありうるのだろう。それは私にとって長年の謎だったが、今や私は答えがわかったと思っている。私が失敗しつつあると思っているものは、個別の理論というよりも、科学を行なうための一つの様式である。これは、二〇世紀の半ばにつきつけられていた問題にはぴったりだったけれども、今つきつけられている類の根本問題には向いていない。素粒子物理学の標準モデルは、一九四〇年代の物理学を支配するようになった、科学の特定の進め方の勝利だった。この様式は、実用的で実際的であり、難しい概念にかかわる問題について省察するよりも、計算がうまい方が有利になる。（中略）今（引用者注：２００６年）に至る三〇年からわかることは、この実用的な科学の進め方では、われわれが今日取り組むべき問題を解くことはできないということである。科学の進歩を続けるには、われわれはあらためて、空間と時間、量子論、宇宙論に関する奥底にある問題と取り組まなければならない。われわれは再び、長年にわたる根本問題に

ついて新しい解き方を考え出せるような人を必要としている。（後略）

計算さえできればよいというプラグマティックな考え方で、〝繰り込み〟によって何とか汎神論の量子論と辻褄を合わせた理神論の特殊相対性理論でしたが、その後、理神論の様式のみで究極の理論を構築しようとしたストリング理論の試みは完全に失敗してしまった、とスモーリンは言っているのです。しかし彼は、量子重力の理論なら上手（うま）くすれば量子論と一般相対性理論を統一できて、いつか究極の理論を手にすることができるのではないか、という理神論の夢を捨てきれてはいません。

本書で既出ですが、物理学者から科学ジャーナリストに転じたデヴィッド・リンドリー（David Lindley）によって１９９３年に著された *The End of Physics* は、わが国では『物理学の果て』の邦題で１９９４年に出版されています。そして、これも本書で既出ですが、１９９６年にやはり科学ジャーナリストのジョン・ホーガン（John Horgan）が著した *The End of Science* も同様のテーマを論じており、翌年に日本でも『科学の終焉（おわり）』の邦題で出版されています。ホーガンはこの本に、リンドリー（同書ではリンドレイと表記）の前掲書を引いて次のように記しています。

（前略）超ひも理論を研究している物理学者は、もはや物理学をやっているとはいえない。なぜならば、彼らの理論は実験によって確かめられることは全くできないで、優雅さとか美しさという主観的基準でしか判断できないからだと、リンドレイは主張した。そして、リンドレイは、素粒子物理学は美学の一分野になってしまう危険がある、との結論を下した。

確かに『物理学の果て』をひもとけば序章の終わり近くに「物理学は美学の一部門になるのだろうか」といった表現が出てきます。そしてこの本（『物理学の果て』）の終わりは次のような文章で締めくくられます。

究極の理論は、正確に言えば、神話となるだろう。神話とは、（中略）検証も反証もできない物語である。（中略）この究極の理論、この神話は、確かに物理学の果てを告げるだろう。物理学がとうとう宇宙にあるすべてを説明することができたから果てるというのではない。物理学が説明する力をもつ事物が尽きる果てに達したからということである。

つまりリンドリーやホーガンは、究極理論がもしあるとしても、それはもはや科学理論ではなく神話でしかないと言っているのです。つまり「この世界が理解可能である」あるいは「神の数式が存在する」という理神論の教義が間違っているという主張なのです。ところで彼らの著書の原題は*The End of Physics*あるいは*The End of Science*というものでした。つまり両著書とも現代科学の"The End"つまり「終わり」をテーマにしていたのです。彼らの書名が意味するところは、正確にはおそらく、「理神論としての現代科学は終わっている」なのでしょう。95頁でP.E.（Physics Envy　物理に対する嫉妬）の話が出ましたが、理神論の終焉が現実のものとなってきた現在、他分野から羨まれるほど厚遇されてきたその理論物理学が今とても焦っているらしいのです。究極の理論が夢のまた夢となれば、物理学分野での理神論の最後の牙城（がじょう）は一般相対性理論ということになります。ところが、ＬＩＧＯのプロジェクトに巨額の研究費が投入されたにもかかわらず、最初の８年間では何の成果もあげることができませんでした。先にも述べたように２０１０年に一旦観測を停止して、更に１０００億円といわれる巨費を投じ、そして5年の歳月をかけてパワーアップしたAdvanced LIGOが２０１５年9月に動き出したわけです。ＬＩＧＯチームに、２０１6年の春に稼働を始める予定のＫＡＧＵＲＡより先に結果を出さなければという焦りがあったであろうことは、想像に難くありません。そういった背景を考えるとき、再稼働後わずか3日目の２０１５年9月14日に、13億光年の彼方に発する重力波を捉えていたという発表には、やはり不自然さを感じざるを得ないのです。

9 意味のあるこの世界

ニュートンは「この世界は神が統治し給う世界であり、われわれは神の僕（しもべ）である」と信じていました。現在明らかになっている科学的諸事実は、このニュートンの考えが正しいことを示しています。しかしこの世界が、ニュートンが考えたような汎神論の世界であることが明らかになってしまうと、理神論者たち（つまりグローバリストやインターナショナリスト）にとっては極めて都合が悪いわけです。そこで彼らは、主にお金の力を使って、「この世に神はいない」ことにしようと工作の限りを尽くしてきました。しかしこの「この世に神はいない」、「死んだら終わり」と断定する理神論の化けの皮が近年になってようやく剝げてきたのは、まことに喜ばしい限りです。

科学の分野での理神論の系譜を簡単に振り返ってみましょう。理神論者の先駆けとみなされているのはやはりデカルトでしょうが、彼の渦動仮説の誤りはその後ニュートンによって指摘され、この仮説は葬り去られました。ニュートン力学の後継者の代表のように言われるラプラスは、汎神論者であったニュートンと異なり理神論者でしたが、汎神論的な遠隔作用である万有引力を用いている点で端から矛盾しており、また彼の提起した「ラプラスの魔」は観測問題のために決して存在しえないのです。

19世紀後半に生まれた理神論の理論としては、気体運動論に基づく統計熱力学から出てきた熱力学の第二法則があります。エントロピー増大の法則とも呼ばれるこの法則は今もって真理であるとされていますが、そもそも統計熱力学はその前提からして間違っています。気体分子がランダムに運動しているという仮定が実は荒唐無稽なものであり、その上、熱力学が前提としている孤立系などこの世界に存在しません。次に20世紀前半に出てきた特殊相対性理論と一般相対性理論ですが、前者は矛盾した理論であり、後者は神話に過ぎません。20世紀後半に出てきたストリング理論にいたっては、神話としての存在意義さえあやういほとんど無意味(ナンセンス)な代物(しろもの)なのです。

進化論ではネオ・ダーウィニズムが幅をきかせていますが、この理論も相当あやしいものです。この理論の両輪をなすのは自然選択と突然変異ですが、この二つによって進化を論理的に説明できたというのは大嘘です。それに自然選択という語は主語がはっきりせず曖昧です。そのため大量殺戮のような人為淘汰までもが、自然選択(自然淘汰)に含められ正当化されてしまう危険性があります。汎神論では「神すなわち自然」としますが、そうだとすると自然選択とは神による選択、つまりインテリジェント・デザインにもとづくプロセスということになるのです。しかしネオ・ダーウィニストたちは決してそうは考えません。なぜなら彼らは理神論者だからです。また、エントロピー増大の法則の意味するところはランダム事象が情報を生むことはまずないということですが、それによるとランダム事象としての突然変異が遺伝情報を増やすことはないのです。したがって、膨大な遺伝情報を蓄積してきた進化のプロセスが、ランダムな変異がもとになって起きたとはとても考えられないのです。

ではニュートン力学、マクスウェル電磁気学、量子論といった汎神論の理論が示す世界とはどのようなものでしょうか？　それはまずこの世界が分けることのできない一つの総体であるということです。現在の宇宙は膨張しつつある絶対空間と宇宙膨張の方向に進む絶対時間をもっており、絶対空間は３Ｋ足らずの宇宙マイクロ波背景放射に満たされています。その放射の海には多くの銀河が浮かんでおり、それらは互いに重力でひきあいながら絶対空間のなかを動いています。銀河は銀河中心の周りを周回する多くの輝く恒星を持ち、さらにその恒星の周りには惑星が回っています。そしてこの宇宙の始まりはおそらく、自己原因として現れた量子宇宙でありましょう。それが双子の宇宙としてそれぞれ反対方向の時間に沿って膨張を始めたのです。両宇宙での全ての事象はベルの定理によって繋がっており完全な対称性を保って進行します。われわれの宇宙が北極点から北緯線となって南へ進んでいるとすると、双子の片割れは南極点から南緯線となって北へ進んでおり、やがて赤道でまた一つになって宇宙プロセスは完結するのです。実は北極点と南極点は陥没して一つになったような状態であり、ここが原初の量子宇宙です。つまり宇宙は穴のないドーナツ（トーラス）の形をしています。

宇宙の構造としてはだいたいそのようなものをイメージすれば良いのですが、宇宙の実体は意識体であろうと思われます。古来その意識体は神、一なるもの、仏、サムシング・グレート、宇宙意識、普遍意識などの呼び名で呼ばれてきました。われわれ人間の魂もその意識体の一部ではあるものの、まだまだ未熟であるので、学びの場としてのこの世に生を受けたと考えればよいでしょう。学ぶべきテーマは愛、慈悲、調和などの真の意味を知ることだろうと思われます。人間以外の生き物も意識体であるばかりではなく、実はすべての存在が意識体でもあるのです。

汎神論の立場に立てば、この世界そして私たちの人生には意味や目的があること、死は終わりではないこと、宇宙が熱的死に向かっているのではなく完成に向かっているのであることが心から理解できます。そして幸福とは個を超えたつながりを持つこと、他者や大自然と共感、共鳴し合うことであると思えるようになります。パスカルも指摘しているように汎神論の立場に立ってこそ幸福な人生と死後の永遠の幸福を共に手に入れることができるのです。「おかげさまで」「おたがいさま」「おだいじに」「ありがとう」「かたじけない」といった感謝、労り、ねぎらいの言葉、「なるほど」という共感の言葉などが増えるほど幸せの輪が広がり、またセレンディ・ピティや共時性（シンクロニシティ）と呼ばれる素敵な偶然の出会いもどんどん増えるでしょう。

　理神論者は「豊かさは奪うことによって得られる」あるいは「自分の幸福は他者の犠牲の上に築かれる」といった思い違いをしています。事実は全く逆で「与えることによってはじめて真の豊かさや幸福が得られる」のです。生物界も弱肉強食などではなく共生や棲み分けで成り立っています。「地球は一つの生命体である」とするガイア仮説は間違ってはいません。それどころかこの宇宙そのものが一つの意識体であるわけです。利己主義は人を幸福にすることはなく、利他的な生き方こそが幸福な人生と死後の至福を与えてくれます。利己主義と選民思想を堅持しようとする頑なユダヤ主義にもとづいたグローバリズムやインターナショナリズムは、決して人類に幸福をもたらすものではありません。人類はそろそろ理神論を卒業して汎神論の世界観を基本に据えることになるでしょう。なぜならそれがサムシング・グレート（あるいは神）の意思だからです。

10 おわりに

今まで汎神論シリーズとして『素人だからこそ解る「相対論」の間違い「集合論」の間違い』、『理神論の終焉』、『汎神論が世界を救う』そして『死後の世界は存在する』の四作を上梓してきました。この四作を書き終えた時点では、書くべきことはほぼ書き尽くしたと思ったので一旦筆を擱(お)くつもりでいました。ところがその四作において存在しないと断言していた重力波が、米国の研究チームによって検出されたというニュースが2016年2月11日（米国時間）に発表されました。その後、数人の友人からこのニュースに対する意見を聞かれましたので、個々にお答えするよりも、この際本の形で自分の意見を明らかにしておこうと思い、また筆をとることにしました。結論は、本文でも述べましたようにこの度の重力波検出のデータは極めてあやしく、おそらくは捏造であろうということです。

その理由は、述べてきたように、まずそもそも重力波の存在自体がアインシュタインの思いつきによる仮説に過ぎず、過去のいかなる観測結果からもその存在が予測されるものではないということ、しかもその理論的根拠とされる一般相対性理論自体が未だ検証されていない仮説に過ぎないという点などにあります。さらに今回はブラックホールという、やはり一般相対性理論以外にその存在の根拠のない架空の天体同士の合体によって発生した事象を捉えたとされている点も加わります。その上、検出感度の限界を超えている問題や、検出と発表のタイミングがあまりにも微妙である点にも大いに引っかかります。以上を総合すると、今回の発表は切羽詰まっての捏造ではないかと疑わざるを得ないのです。データを大切にするはずの科学者がデータ捏造などするはずはないと思われるかもしれませんが、さすがに生データを捏造することはなくてもデータを恣意的に解釈することはいままでもしばしば行われてきました。理神論が追い詰められている現状を勘案すれば、彼ら理神論者がなり振り構わず、単なるノイズをデータに仕立て上げた可能性は大いにあります。

デカルトの渦動仮説に始まる理神論の科学理論、つまり熱力学第二法則、ダーウィニズム、相対性理論そしてストリング理論などは、すべてが完全に間違っているとは言えないまでも、ことごとく役立たずの理論でした。これらの理論は人類に全く益をもたらさないどころか、むしろ人類のみならず世界に不安、悲観、貧困、憎悪、殺戮、自然破壊といったさまざまな不幸や災いの種を播いてきたのです。理神論の理論に対して、実際の観測データに基づいて構築されたニュートン力学、マクスウェル電磁気学、量子力学などは正しい理論です。そしてこれら正しい理論は、絶対空間の存在と遠隔作用の存在を示します。

つまりこの世界が汎神論の世界であることを示しているのです。そしてこの世界が汎神論の世界であるということは、つまり「神すなわち自然」であるということになります。そして進化はインテリジェント・デザインによるものとなり、死後の世界も当然存在することになります。利己主義や選民思想などは全く正当性を失い、大量殺戮などいかなる理由をもってしても許されるものではないと皆が思うようになります。そしてグローバリズムやインターナショナリズムなどは過去の誤った思想であるということになって、「おかげさま」「おたがいさま」で共に生きる世界の実現がいよいよ近づきつつあるという予感をすべての人が共有できるようになるのです。

補記

リチャード・ドーキンスとともに現代の代表的な無神論（そして理神論）の科学者であるピーター・アトキンスが著した『ガリレオの指』（斉藤隆央訳、早川書房）より引用します。

（前略）宇宙には本来的な論理構造が存在し、それは算術と同じ構造をしている。

では、この一連の根拠の薄い推論をまとめてみよう。数学の目で見れば、物理的世界は自分自身の姿が映ったものに見える。だから、われわれの脳も、その産物である数学も、物理的な宇宙――時空とそこにあるものの構造――とまったく同じ論理構造をもっている。となると、ウィグナーやアインシュタインには申し訳ないが、脳の生み出した数学が物理的世界の記述に最適な言語なのも別に不思議ではない。

こんなのはばかげた空論のように思える。だが、そうでないとしたらどうだろう。ひとつの結論として、世界の深層構造は数学になる。宇宙は、そしてそこに含まれるものはすべて、数学にほかならず、物理的な実在は数学が荘厳なまでに形をとった姿なのだ。このような考え方は、超ネオ・プラトン主義とでも呼ぶべき極端なプラトン主義で、別のところで私は「深層構造主義」と名づけている。（後略）

アトキンスの言う「深層構造主義」など結局は極端な理神論に他ならず、汎神論的神としての「一なるもの」を万物の根源とみなすネオ・プラトン主義をむしろ否定するものです。彼らは、理神論を正当化するためにはこのような虚偽の主張までも厭わないのです。

同書よりの引用を続けます。

　科学はほぼ無限の広がりをもっているように見える。楽観的な人々は、「万物の理論（theory of everything）」と不遜にも呼ばれる究極理論（冗談交じりに、物理学の足のＴＯＥとも言われる）が、今後見つかって決着がつくのではないかといささか根拠をもって考えている。（中略）

　万物の理論（ＴＯＥ）が打ち立てられ、それで宇宙の既知の性質がすべて予言できるようになったら、科学者は何をしようとするだろう？（中略）一方、その究極理論に自己矛盾がないことを気にする人も出てくるはずだ。ゲーデルの定理を思い浮かべ、そうした証明を与えることはできないと考えるからである。自己矛盾がないことを気にしない人は、究極理論がそのひとつだけであると証明できないことに頭を悩ませるだろう。彼らは、まったく同じ結果をもたらしながら、数学的に一致する以外はこれまで考えられてきたものとまったく異なる宇宙を意味するような、まるで見かけの違う万物の理論を見つける可能性もある。しかし、それが科学なのである。

「究極理論がいくつあっても良い。それが科学である」というような主張のばかばかしさは明らかです。いくつもある究極理論などどれも究極理論ではありえないわけですから。結局、理神論の科学は完全に終わっているのです。現代の魔女狩りの書とも言うべき『捏造の科学者』でＳＴＡＰ細胞を捏造と強く示唆した須田桃子氏は、今回の重力波検出をいったいどのように評価するのでしょうか？

参考文献

豊田利幸編『世界の名著21　ガリレオ』中央公論社
アイザック・ニュートン『プリンシピア　自然哲学の数学的原理』第三版　中野猿人訳・注　講談社
杉本大一郎『相対性理論は不思議でない』岩波書店
H・コリンズ+T・ピンチ『七つの科学事件ファイル』福岡伸一訳　化学同人
ジャン=ピエール・プチ『ビッグバンには科学的根拠が何もなかった』竹内薫監修　中島弘二訳　徳間書店
ヴァン・フランダーン/コンノ・ケンイチ/後藤学/田村三郎/千代島雅/窪田登司/竹内薫『科学をダメにした7つの欺瞞』徳間書店
デヴィッド・リンドリー『物理学の果て』松浦俊輔訳　青土社
最新科学論シリーズ26『世界を変えた科学10大理論』学研
コンノケンイチ『ホーキング宇宙論の大ウソ』徳間書店
最新科学論シリーズ31『21世紀を動かす科学10大理論』学研
ジョン・ホーガン『科学の終焉（おわり）』筒井康隆監修　竹内薫訳　徳間書店
田中英道『日本人が知らない日本の道徳』ビジネス社

ジム・アル＝カリーリ『物理パラドックスを解く』松浦俊輔訳　ソフトバンククリエイティブ
リン・マーギュリス『共生生命体の30億年』中村桂子訳　草思社
リー・スモーリン『迷走する物理学』松浦俊輔訳　ランダムハウス講談社
ピーター・アトキンス『ガリレオの指』斉藤隆央訳　早川書房
須田桃子『捏造の科学者』文藝春秋

革島　定雄（かわしま　さだお）

1949年大阪生まれ。医師。京都の洛星中高等学校に学ぶ。1974年京都大学医学部を卒業し第一外科学教室に入局。1984年同大学院博士課程単位取得。1988年革島病院副院長となり現在に至る。

【著書】
『素人だからこそ解る　「相対論」の間違い「集合論」の間違い』（東京図書出版）
『理神論の終焉 ──「エントロピー」のまぼろし』（東京図書出版）
『汎神論が世界を救う ── 近代を超えて』（東京図書出版）
『死後の世界は存在する』（東京図書出版）

重力波捏造
理神論最後のあがき

2016年９月28日　初版発行

著　者　革 島 定 雄
発行者　中 田 典 昭
発行所　東京図書出版
発売元　株式会社 リフレ出版
〒113-0021　東京都文京区本駒込 3-10-4
電話 (03)3823-9171　FAX 0120-41-8080
印　刷　株式会社 ブレイン

ISBN978-4-86223-998-3 C0040
Printed in Japan 2016

ご意見、ご感想をお寄せ下さい。
［宛先］〒113-0021　東京都文京区本駒込 3-10-4
東京図書出版